高等教育艺术设计专业规划教材

庞　博　主编

胡璟辉　赵俊杰　副主编

包装设计
PACKAGING DESIGN

U0301305

化学工业出版社

·北　京·

"高等教育艺术设计专业规划教材"
编审委员会

序

我国的艺术历史源远流长，无论是抽象的艺术理论知识，还是具象的艺术设计实体（如视觉、环境、产品、服装与服饰设计等），对世界设计艺术的发展有举足轻重的影响力。然而，我国系统完整的艺术教育的历史并不长，如果以 1904 年颁布执行的《奏定学堂章程》为时间点的话，我国近代艺术设计教育也不过百余年，且在相当大程度上是受西方艺术教育理论和实践的影响。再加上设计艺术的应用学科特点，这就决定了它的实践性往往先行于理论性，因此，虽然市场上艺术设计的教材种类繁多，但是能满足各种教学方式的高质量教材并不多见。

2012 年教育部颁布的《普通高等学校本科专业目录》把设计作为艺术门类中独立的一级学科，使设计艺术的地位得以显著提升，设计学诸专业具有很强的综合性，它涉及社会、文化、经济、市场、科技等诸多方面的因素和领域，其表现形式丰富多样。设计艺术的终极目的是服务于人，让与人类息息相关的使用物品更有价值。因此，设计艺术诸专业教学应体现它的科学性和合理性，在教材内容规划中要充分体现艺术设计学的融合性、创新性、多元性及实验性特征，以期进一步激发学生的思维创新能力、设计应用能力，提升学生的专业技能，培养艺术设计领域"厚基础、宽口径、重实践"的设计艺术领域复合型专业人才。

基于此，出版了这套规划教材，切望为丰富和探索现金高等设计学各专业教学的丰富和多样性发挥作用。

郭振山
天津美术学院副院长、教授
2015 年 4 月

前言

　　包装是商品的形象，也是企业形象的体现，它直接影响到消费者的购买欲；包装也是建立产品与消费者亲和力的有力手段，其在生产、流通、销售和消费领域中的作用和影响是毋庸置疑的。在经济全球化的今天，包装潜移默化的影响着人们的生活。

　　包装设计课程是视觉传达专业中至关重要的课程之一，包装设计教学是视觉传达设计人才培养中非常重要的一个环节。本教材从包装设计的保护功能、自我展示功能、运输功能、储藏功能、环保功能等方面进行论述。包装设计是为了更好地服务当今国内各院校的视觉传达专业的课程，使得教学内容不会陈旧过时。本教材并不只是对包装理论的讲述，而是基于实际操作，加上国内外优秀包装设计赏析以及新的工艺和机构设计进行讲解，能更好地引导广大学生和设计爱好者们理解相关的知识，为大家完成特定的包装设计任务提供指导，从而轻松地进行包装设计学习。此外，本书并不是一本让读者和设计者生搬硬套的教科书，因为任何设计都没有固定的套路，希望读者在学习过程中能够理论联系实际，在提高自身理论技能的基础上更好地服务于设计这个主体。

　　《包装设计》能够顺利完成，首先要感天津美术学院郭振山副院长及天津工业大学张立教授的帮助和指正；其次感谢天津美术学院、天津大学、天津理工大学、天津科技大学、天津师范大学、天津天狮学院、天津商业大学宝德学院等兄弟院校的领导和老师，还要感谢天津工业大学艺术与服装学院视觉传达系研究生周惟唯、於玉洁、蒋冉、许文敬、慕澜、宋亚男对本书资料的整理。在他们的指导和帮助下本书才能得以付梓。

庞博

天津工业大学副教授、研究生导师

2015 年 11 月

目录

CONTENTS

CONTENTS

第一章 包装概论

- 包装的内涵
- 包装的发展历史

1

第一节 包装的内涵

一、包装的定义

包装（packaging）在国家标准 GB/T4122—2008 中的定义是，在流通过程中保护产品，方便储运，促进销售，按一定技术方法所用的容器、材料和辅助物等的总体名称；也指为达到上述目的在采用容器、材料和辅助物的过程中施加一定技术方法等的操作活动。

日本包装工业标准 JISZ0101—1959 中对包装的定义是，包装是在商品的运输与保管过程中为了保护其价值及状态，以适当的材料、容器等对商品所施加的技术处理，或施加技能处理后保持下来的状态。

对于包装的定义还有其他表述，虽然表述各不相同，但是基本含义还是一致的，一般包含下面两个方面。

（1）关于盛装商品的容器、材料及辅助物品，即包装物。

（2）关于实施盛装、封缄、包扎等的技术活动。

二、包装的含义

理解包装的含义包括两个方面，一个是名词，一个是动词。名词的意思是指盛装产品的容器，通常称为包装物（图1-1），如袋、箱、桶、框、瓶、杯、听、盒等（图1-2）。动词的意思是指包装产品的过程，如装箱、打包、装袋、灌装等。产品包装具有从属属性和商品属性等几种特性，包装是其内装物的附属品；包装是附属于内装产品的特殊产品，同内装产品一样具有价值和使用价值；同时产品包装又是实现内装产品价值和使用价值的重要手段。

图 1-1 红酒包装设计

图 1-2 马家窑文化双耳彩陶

第二节 包装的发展历史

一般认为，包装通常与产品联系在一起，是产品的附属品，是为了实现产品价值和使用价值所采取的一种必不可少的手段（图1-3）。所以，包装的产生应从人类社会开始产品交换时算起。同时包装设计的发展与产品流通的发展紧密联系在一起。

一、原始包装

人类使用包装的历史可以追溯到远古时期。早在距今一万年左右的原始社会后期，随着生产技术的提高，生产得到发展，有了剩余物品需储存和进行交换，于是开始出现原始包装。产品交换出现之后为了保证产品流通，首先就是产品的运输与储存。最初，人们用葛藤捆扎猎获物，用叶片、贝壳、兽皮等包裹物品，这是原始包装发展的胚胎。随着劳动技能的提高，人们以植物纤维等制作最原始的篮、筐，用火煅烧石头、泥土制成泥壶、泥碗和泥灌等，用来盛装、保存食物、饮料及其他物品，使包装方便运输、储存与保管功能得到初步完善，如图1-4所示的酒桶。由于古代欧洲有广袤的森林，生活在这个时期的人们对木材的使用很擅长，很早就使用木板箍桶来酿酒，甚至还能造出像"特洛伊木马"那样巨大的容器。

相传在我国战国时期，人们为了在端午节这一天纪念伟大的爱国诗人屈原，创造出独特的食

图1-3 可口可乐瓶装

图1-4 古代欧洲用于运输的酿酒桶

物——粽子，用清香的竹叶包裹糯米，形状为三角形，外边再用彩线捆扎，非常美观。在蒸煮过程中，竹叶的清香渗透到糯米中，形成了独特美味的食品，这种形式与功能完美结合的食品一直流传到今天，仍受广大人民喜爱，由此可见包装形式的生命力。1962年在江西万年县仙人洞出土了距今8000多年的陶器。尤其是到了新石器时代晚期，制陶技术已发展到很高的水平。在这样的时代，包装就为了给产品提供保护而生产发展起来了。这个时候的包装只是完成部分运输包装的功能，使用箱、桶、筐、篓等初级包装容器。由于没有小包装，产品在零售的时候需要分销。这一时期的包装通常是指初级包装，即原始包装。

二、传统包装

约在公元前5000年，人类就开始进入青铜器时代。4000多年前的中国夏代，中国人已能冶炼铜器。商周时期青铜冶炼技术进一步发展，青铜器就已得到普遍的运用，成为奴隶主和达官贵人们满足其奢华生活的各种用品。人们掌握了铸铁炼钢技术和制漆涂漆技术，铁制容器、涂漆木制容器大量出现。相传中国开始以漆作为涂料是始于4000多年前的虞夏时代，但实际上漆器的应用可能比传说还要早，1976年在浙江余姚河姆渡遗址中就发现了距今约7000年的木胎漆碗与漆桶。商周时代漆器工艺已具有相当高的水平。

在古代埃及，公元前3000年就开始吹制玻璃容器。因此，用陶瓷、玻璃、木材、金属加工各种包装容器已有几千年的历史，其中许多技术经过不断完善发展，一直使用到今。

在汉代，公元前105年蔡伦发明造纸术，但这

其实是一个误解，早在蔡伦生活时代的前一个世纪纸就被发明出来了，虽然文字没有记载，但是从考古发现中已经得到证实。1933年，在新疆罗布卓尔汉发现了公元前2世纪的麻纸。蔡伦在造纸术上的贡献主要是在造纸原料上采用了破布、旧渔网等一些低廉成本的原材料，并改进了一些造纸方法。所以蔡伦应该是一位造纸工艺和原料的改良者。

公元61年，中国造纸术传至日本；13世纪传入欧洲，德国建造了第一个较大的造纸厂。11世纪中叶，中国毕昇发明了活字印刷术。15世纪，欧洲出现了活版印刷。包装印刷及包装装潢业开始发展。16世纪欧洲陶瓷工业开始发展；美国建成了玻璃工厂，开始生产各种玻璃容器。至此，以陶瓷（图1-5）、玻璃、木材、金属等为主要材料的包装工业开始发展，近代传统包装开始向现代包装过渡。

图1-5　古代包装容器青花瓷器

三、现代包装

自 16 世纪以来，由于工业生产的迅速发展，特别是 19 世纪的欧洲产业革命，极大地推动了包装工业的发展，从而为现代包装工业和包装科技的产生和建立奠定了基础。

18 世纪末，法国科学家发明了灭菌法包装储存食品，导致 19 世纪初出现了玻璃食品罐头和马口铁食品罐头，使食品包装学得到迅速发展。进入 19 世纪，包装工业开始全面发展，1800 年机制木箱出现，1814 年英国出现了第一台长网造纸机，1818 年镀锡金属罐出现，1856 年，美国发明了瓦楞纸，1860 年欧洲制成制袋机，1868 年美国发明了第一种合成塑料袋——赛璐珞，1890 年美国铁路货场运输委员会开始确认瓦楞纸箱正式作为运输包装容器。

进入 20 世纪，科技发展日新月异，材料、技术不断出现，聚乙烯、纸（图 1-6）、玻璃、铝箔、各种塑料（图 1-7）被广泛应用，无菌包装、防震包装、防盗包装、保险包装、组合包装、复合包装等技术日益成熟，从多方面强化了包装的功能。从 20 世纪中后期开始，国际贸易飞速发展，包装被世界各国所重视，90% 商品需经过不同程度、类型的包装，包装已成为商品生产和流通过程中不可缺少的重要环节。目前，电子技术、激光技术、微波技术广泛应用于包装工业，包装设计实现了计算机辅助设计（CAD），包装生产也实现了机械化与自动化生产（图 1-8 ~ 图 1-11）。

包装工业和技术的发展，推动包装科学研究和包装学的形成。包装学科涵盖物理、化学、生物、艺术等多方面知识，属于交叉学科群中的综合科学，它有机地吸收、整合了不同学科的新理论、新材料、新技术和新工艺，从系统工程的角度来解决商品保护、储存、运输及促进销售等流通过程中的综合问题。包装学科的分类比较多样，通常分为包装材料学、包装运输学、包装工艺学、包装设计学、包装

图 1-6　造纸

图 1-7　早期的塑料制品

管理学、包装装饰学、包装测试学、包装机械学等分学科。中国有40多所高校开办了包装工程专业，包装从业人数逐渐壮大。

图1-10　点心铜版纸包装

图1-8　现代工业罐装运输包装

图1-9　白酒包装

图1-11　白酒木盒包装

第二章 包装的功能

2

随着需求的多样性和包装技术的不断发展，包装被赋予的功能也在不断增加，不过有两点最基本，一是包装上所承载的信息情报，包括文字、色彩、图形、形态的内容；二是对内装物的形态和性质起保护作用。现代比较有代表性的说法有保护功能、运输方便功能、宣传及自我行销功能、识别及美化功能、环保功能、增值功能和心理功能几个方面。下面分别介绍，并结合实际包装例子详细分析论证。

第一节　包装的保护功能

保护功能是包装最基本的功能，即使商品不受各种外力的损坏。一件商品，要经多次流通，才能走进商场或其他场所，最终达到消费者手中。这期间，需要经过装卸、运输、库存、陈列、销售等环节。在储运过程中，有很多外因，如撞击、潮湿、光线、气体、细菌等因素。如在仓库中堆放时，包装也要受到过高的积重、温度、湿度的变化的考验。另外，如一些食品（图2-1）、啤酒、饮料等，还要考虑避光、真空保鲜、冷藏、防腐蚀、防辐射或防挥发等。因此，在开始包装设计之前，首先要想到包装的结构与材料，保证商品在流通过程中的安全。像下面所提到的一些保护性内容，作为一个包装设计人员应该充分了解并结合具体的行业标准来进行设计。

一、防止振动与冲击

产品在公路、铁路、飞机、船舶等运输过程中会产生振动。此外，在装卸、运输过程中，为了提高效益，会将货物堆积码放，这时候下面的货物就要承受上面货物的重量，这就要求包装自身具有一定的防外力冲击能力和承重强度（图2-2）。

二、防水防潮

一般的防水主要指产品在搬运途中不致被雨水侵袭。此外，空气的温度对包装也会产生非常复杂的影响。在我国、北方气候干燥，南方则空气潮湿，

图2-1　鱼肉金属包装

图2-2　联想电脑防震防损坏的纸盒包装

由于湿度的变化和地域气候差异，尤其是食品类，较大的湿度会导致商品的腐化变质。尤其是南方的东西到北方，竹制品会开裂等；北方的物品从干燥的环境到南方的潮湿环境之后，会缩短保质期，木制品会长毛变质等。所以要保证包装的密封性或者是透气性。

三、防止温度的高低变化

温度高低的急剧变化，也会因为热胀冷缩的物理原理造成包装和产品的变形、干裂、破损，同时也会使包装材料的含水量随之变化，这也是影响包装产品品质的重要因素。由于大多数包装都具有密封性，一些有机物产品由于空气不流通和温度上升会加速变质，所以在包装设计上面既要注意密封性也要注意透气性。例如，密封真空包装，密封条包装，或者为了透气在包装上面留出通气孔和放置干燥剂等。

四、防光与防辐射

许多商品具有不适于光照、紫外线、红外线等放射线直射的特点，比如感光材料、化妆品、药品、碳酸饮料和啤酒等。啤酒多用深色的瓶子，目的就是为了减少光照程度，延长保质期。一些要避免光照的化学物品包装瓶子使用的也是深色瓶子。

五、防止与空气及环境接触

有些商品如食品、药品中的液体药剂等，与空气接触会变质或发生化学反应，所以这些产品往往采用密封性好的材料作包装，或者抽真空的办法来

起到隔绝、防范的作用。

六、防偷盗

外包装的破损往往会导致产品丢失或失窃，因此也要考虑包装的安全性。对于价值比较高的商品包装，更要考虑到密封方法和一些特殊包装手段。比如在密封材料和开启方法的设计上下些功夫，设计一些技巧性开启方法来防盗。

除了以上所述因素，像防虫害、防挥发、防酸碱腐蚀等许多方面都应该根据产品的实际要求来考虑。这就要求设计师对材料有充分的掌握，什么样的材料和包装方式会起到什么样的保护效果。另外，为了加强保护性可以考虑材料的综合使用，像使用发泡材料、海绵、纸屑等填充物以起到固定产品的作用；中药丸采用封蜡包装可以起到防潮、密封的作用；打火机的包装使用坚固的材料才不至于爆炸伤人。

总而言之，产品在流通过程中，可能受到各种外界因素的影响，引起产品污染、破损、渗漏或变质，使产品降低或失去使用价值。科学合理的包装，能使产品抵抗各种外界因素的破坏，从而保护产品的性能，保证产品质量和数量的完好。保护功能在大多数的包装实例中都有具体体现。如冰箱、洗衣机、空调等家电包装，都需要在商品的周围以泡沫包装，泡沫包装的功能就是保护作用，保护商品在运输销售过程中避免碰撞等造成的损坏（图2-3）。又如许多化学药品需要避光，采用棕色或其他深色的包装，这也是一个有力的实例。如光明纯牛奶的包装瓶为塑料制品，材质牢固，耐磨耐损，具有一定的抗压作用，可以应对运输过程中的各种破坏。瓶塞与瓶身采用圆形接口螺纹吻合，结合紧密，防

止异味，保证口感纯正。因此，作为一名设计师，在开始设计之前，首先要想到包装的结构与材料，保证商品在流通过程中的安全。因此，包装的保护功能对商品有很大的影响。在进行包装设计的时候首先要注重包装的保护功能。

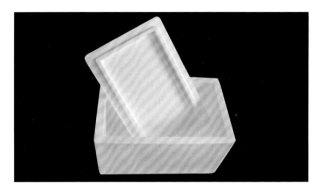

图 2-3　塑料泡沫箱在运输中运用较多

第二节　包装的方便运输功能

包装给流通环节储、运、调、销带来方便，如装卸、盘点、码垛、发货、收货、转运、销售计数等（图 2-4）。包装为产品提供了基本条件和便利。将产品按一定的规格、形状、数量、大小及不同的容器进行包装，而且包装外面印有各种标志，反应被包装物的规格、品名、数量、颜色以及整体包装的净重、毛重、体积、厂名、厂址及运输中的注意事项等。

包装极大地影响着产品的流通效率。根据有关资料表明，机械工业每吨产品的搬运费用约占产品成本的三分之一左右，流通效率低下严重制约着企业的发展。因此，在产品设计开发之初就应该考虑使产品的尺寸、形状、重量单元化、标准化，以便于标准化包装，促进装卸作业机械化，提高运输工人的运输能力。从生产商到消费者手中，直到它被废弃回收，无论从生产者、仓库运输者、代理销售

图 2-4　哈密瓜包装

者还是消费者的立场上来看，都应该体现出包装所带来的便利。

便利功能处处体现在产品的包装中。对某些气体、粉末、液体产品只有按适当的重量、容量、含量及方式包装，才便于批发、零售以及消费者使用、携带和收藏。包装的方便运输功能可分为以下四种。

一、生产运输者的便利性

包装袋的生产、加工工序是否简单和易操作、适合机器大规模生产；空置包装能否折叠压平码放以节省空间；开包、验收、再封包的程序是否简便易行；包装是否能便于回收再利用以降低成本。这些针对生产者的便利功能实际上最终都会直接体现为生产者的经济效益。所以有很多包装的设计注重的是运输功能，例如一些商品运输外包装（图2-5）的主要功能就是运输很多商品。所以保证生产运输者便利作为一个生产方的必要因素而受重视。

图2-5　纸箱在运输包装上的应用

二、仓储运输者的便利性

仓储运输者的便利主要体现如下几点。

（1）运输和搬运方便，规格统一、空间占据量合理、装载效率高。

（2）在仓储和搬运过程中包装袋的尺寸及形状是否能配合运输、堆码的机械设备。

（3）包装上的商品名称、规格、各种标志应有较强的识别性以便于高效率的操作。

所以规格标准化包装、挂式包装、大型组合产品拆卸分装等，这些类型的包装都能比较合理地利用物流空间。

三、代理消费者的便利性

代理消费者的便利性主要体现在搬运及保管容易、识别性强、陈列简单易行、宣传展示效果好、展示及行销时开启和封闭方便。这就要求包装设计人员必须具备专业的包装结构知识，不但要考虑到展示宣传效果，更要简便易懂，以确保各个销售环节的售货人员能够准确操作。尤其对于商品种类繁多、周转快的超市来说，十分重视货架的利用率，因而更加讲究包装的空间方便性。

四、消费者的便利性

1. 包装空间的方便性

包装空间的方便性集中体现在消费者使用上的方便，合理的包装应使消费者在开启、使用、保管、收藏时感到方便。比如易拉罐的开口方式，既保鲜又方便；用胶带封口的纸箱、喷雾包装、便携式包装等，以简明扼要的文字或图示，向消费者说明注意事项及使用方法，以方便使用；茶叶、药品、食用商品等不能一次性用完，就要考虑到包装的重复开启闭合的使用。如快餐食品的包装，能极大地节约消费者的时间，方便食用；带有锯齿状边缘的包装袋，方便打开，节约时间。

2．包装空间的方便性

包装空间的方便性对降低流通费用至关重要。按照人体工程学原理，结合实践经验设计的合理包装，能够节省人的体力消耗，使人产生一种现代生活的享乐感。如可口可乐碳酸饮料包装的瓶口为圆形，带有螺纹，有利于生产线上的流通填充封口，也有利于消费者的购买饮用。组装饮料等商品有一定的重量，就要考虑采用提手式的包装结构以便于消费者携带。在包装设计中以人为本不仅是对"上帝"们的尊重与关心，更是在树立商品的良好形象，在现代激烈的市场竞争中，也是争取消费者的信心。

第三节　包装的宣传及行销功能

一、包装的销售作用

包装的商业功能主要体现在它能够促进商品的销售、美化商品、吸引顾客，有利于促销。设计精美的产品包装，可起到宣传产品、美化产品和促进销售的作用，即销售作用。现在随着自选商场的大量出现，顾客能够自由地从货架上选择自己满意的商品，商场的货品码放基本上都是以商品类型进行分类码放的，也就是说所有同类商品竞争对手都"冤家路窄"地摆在了一起，哪个商品更吸引眼球，更醒目，更具有说服力，将从消费者的相互比较中来判定。第一印象决定商品的一部分销售量。当消费者在选购商品的时候，包装就成为了商品与消费者之间沟通的媒介，其宣传及自我行销功能一览无余。

二、包装的推销作用

包装既能提高产品的市场竞争力，又能以其新颖独特的艺术魅力吸引顾客、指导顾客，成为促进消费者购买的主导因素，是产品的无声推销员。优质包装在提高出口产品竞销力、扩大出口、促进对外贸易的发展等方面均有重要意义。所以销售功能是包装设计最主要的功能之一。一般来说包装的商业性由两方面来体现，一方面是独特的美观的实用的外形结构来吸引消费者，通常称为结构设计；另一方面是指通过图形、色彩、文字的吸引力、说服力来吸引顾客购买，通常称其为图形设计（图2-6）。

作为包装设计人员，对包装的形式、结构、图案、色彩和文字等设计要素都应该具有充分的表现

图 2-6　果脯包装

能力，什么样的图形设计和结构设计能够传达出什么样的感觉，什么样的色彩搭配能更适合商品本身的属性和气质，这些共同构成了在销售中起决定性作用的形象力。

三、包装的引导消费作用

在超市中，标准化生产的产品云集在货架上，不同厂家的商品只有依靠产品的包装展现自己的特色，这些包装都以精巧的造型、醒目的商标、得体的文字和明快的色彩等艺术语言宣传自己。促销功能以美感为基础，现代包装要求将"美化"的内涵具体化。包装的形象不仅体现出生产企业的性质与经营特点，而且体现出商品的内在品质，能够反映不同消费者的审美情趣，满足他们的心理与生理的需求。

包装设计师正确把握商品的诉求点可以充分表现出其商品功能，起到引导消费的作用。以下几点是形成消费者对商品印象的基本要素。

（1）外观的诉求：商品的外形、尺寸、造型设计风格。

（2）经济性的诉求：价格、形状、容量、质量等。

（3）安全性诉求：说明标注、成分、色彩、信誉度。

（4）品质感诉求：醒目、积极感、时尚性。

（5）特殊性诉求：个性化，流行化。

（6）所属性诉求：性别、职业、年龄、收入等。

如统一鲜橙多饮料，瓶身塑料颜色为透明，可以让消费者、清晰地看到商品的特征（图 2-7）。瓶身附有一张塑料纸，说明统一鲜橙多的相关资料，消费者可以了解产品的组分、产地、生产日期等信息。塑料纸上的背景颜色为橙黄色，并印有橙子图案，与产品的口味（橙子口味）有相连之处，可以引导消费者购买。塑料签的醒目位置印有"乐享一瓶"等各种奖品信息，激励消费者购买。

总之，一件具有吸引力的包装应该有这样一些特征：有吸引人的形态、外观和色彩，使用方便，保护性好，便于携带，视觉上突出品牌形象和企业形象，并具有时尚感和文化特征。具有上述基本特征，商品的包装设计才算成功。

图 2-7　鲜橙多瓶装设计

第四节 包装的识别美化及增值功能

一、包装的识别功能

包装的识别全靠外包装的样子，有些产品的原来样子是一般的，但是经过包装之后，产品的可识别性大大增强（图2-8），让人一眼就能看出此产品的生产原料，或者包装之后能看到该商品的使用方法。这与包装的心理功能有关，像黄色的饮料瓶，消费者大部分会认为这是橙子口味的；黄绿色的饮料瓶，会认为这是柠檬口味的；桃粉色的饮料瓶，就会有人认为是桃子口味的；若是是绿色饮料瓶，消费者会认为是加了芦荟颗粒的（图2-9）。

图2-8 点心包装

图2-9 饮品包装

商品的识别性是由包装的颜色、包装上的文字、包装的形状、包装的透明度等决定的。所以，商品的包装要具有可识别性，不能让消费者因为错误的包装而被误导，否则对商品的销售会造成很大的影响。

二、包装的美化功能

包装的销售功能还有一部分就是由它的美化功能实现的。优秀的包装设计，以其精巧的造型、合理的结构、醒目的商标、特体的文字和明快的色彩等艺术语言，直接刺激消费者的购买欲望，不仅美化了商品，还对商品的识别性起到了很大的作用。包装的识别及美化功能直接决定了该商品的销售功能。

三、包装的增值功能

在原材料价格日益上涨，人力成本、管理成本等支出越来越高的环境下，几乎所有的企业都在思考促使产品增值的问题。增值包装，是新环境下的包装需求。顺应时代需求，有许多增值包装相继而出。在差异化竞争时代，化妆品生产商为了在市场上处于竞争的优势地位，不断通过创新的设计、新材料的使用和特殊装饰手段的应用来突显品牌形象，营造视觉美感和提升产品价值，使之能够从货架上脱颖而出，成为消费者的首选。如美容化妆品盒的增值包装，用增值工艺表达化妆品包装纸盒的文化价值和艺术价值，是化妆品包装纸盒供应企业立于时代潮头、独具市场价值的根本所在（图2-10）。

图 2-10　礼盒包装的增值功能十分明显

第五节　包装的环保功能

一、环保包装的发展

环保包装材料的选择可以有效减少对环境的污染，同时方便包装废弃物的分类回收和处理。

随着经济的高速发展，环境的恶化、自然灾害的频发、气候异常等因素直接威胁到了人类的生存。商品的包装也会产生大量污染环境的垃圾，人们的忧患意识促进了使用"环保型"包装的使用以及包装替代材料的研制开发（图2-11），废旧包装的回收利用也得到了发展并形成了新的产业。

"环保型"包装是以能够回收利用为界限的，现在具有循环利用标志的包装在发达国家市场上已经占绝大部分。循环利用标志寓意深长，它由三个箭头首尾相连接环绕组成：第一个箭头代表包装回收；第二个箭头代表回收利用；第三个箭头代表消费者的参与以表达价值的重新体现。三个箭头构成了一个永恒的生生不息的循环（图2-12）。

1972年联合国发表了《人类环境宣言》，拉开了世界"绿色革命"的帷幕。对于包装界而言，"绿

图 2-11　鸡蛋包装运用环保的纸浆盒

图 2-12　循环利用的标志

色包装"是 20 世纪最震撼人心的"包装革命"。1975 年,德国率先推出有"绿色"(即产品包装的绿色回收)标志的"绿色包装"。

　　绿色环保标示是有绿色箭头和白色箭头组成的圆形图案,双色的箭头表示产品或包装可以回收使用,符合生态平衡和环境保护的要求。在此后的几十年中,"绿色包装"迅速在世界各国发展,地域性和各国标准先后问世。1963 年 6 月,国际标准化组织 ISO 正式成立了"环保委员会",着手制定绿色环保标准,经过 3 年努力,第一个环保标准 ISO14001 于 1996 年 1 月正式在全球施行。

二、环保包装的必要性

　　随着消费者环保意识的增强,绿色环保成为社会发展的主题,伴随着绿色产业、绿色消费而出现的主打绿色概念的营销方式成为企业营销主流之一。因此在包装设计时,选择可充分利用或可再生、易回收处理、对环境无污染的包装材料,容易赢得消费者的好感和认同,有利于环境保护的同时有利于国际包装技术标准接轨,从而为企业树立良好的环保形象,为企业今后的发展起到了重要的作用。

　　包装对环境造成的影响有许多方面,与人们生活密切相关的主要有塑料材料本身对环境造成的危害和过度包装给人们带来的困扰等几个方面。针对这几个方面,就应该避开这些方面来设计包装,赋予包装环保功能。

第六节　包装的心理功能

一、消费心理定式

　　消费者长期以来对商品类别的视觉印象已经形成了比较固定的认识,比如说源自商品本身特征的商品形象色(图 2-13),绿色代表蔬菜、健康,

图 2-13　三个颜色代表三种口味的牛奶

棕色代表茶、稳重，黄色代表黄油、奶酪、蛋黄酱等，咖啡色就是从咖啡起名来的。有的则是一种心理定式，比如颜色与味觉的心理关系。日本市场学家做过一些心理测试，请消费者看两种不同色彩的咖喱产品包装盒来分辨带甜味的咖喱和带辣味的咖喱，超过70%的人看到红色的包装盒认为它是带辣味的，呈淡黄色调的包装盒则被认为带有甜味。所以说消费者的这种心理定式对包装设计会产生很大的影响。

二、包装的诚信心理

人们往往都有追求时尚的心理特点，这种心理特点往往会造成消费者的盲从。商家们也曾一度利用人们的消费心理在包装上进行夸大的宣传，以误导消费者。比如使用超出事物品质的图片，使用比内容实际尺寸大许多的外包装，使用夸大其词的宣传标语，名字和外包装极其像某知名大品牌吸引人们购买等。1976年美国参议院首先通过了《禁止欺骗性包装法令》，这个法令的颁布，对不诚实的厂商在宣传上面提出了制约，避免"表里不一"不诚实的商业宣传现象的出现。我国则在1993年通过并实施了《中华人民共和国反不正当竞争法》和1994年正式颁布了《中华人民共和国广告法》，针对虚假宣传和采取不正当手段的竞争制定了行为规范。正因为如此，商家在商业竞争中就更加注重通过良好的包装设计、销售策划等正当合法的手段来争取市场份额。这也为包装设计本身的诚信发展提供了良好的环境。

三、消费个性化心理

现代消费者的消费心理已经相当成熟，市场已经进入了个性化消费的时代，商品的品质和个性成为消费者的首选。包装设计也随之更趋向个性化，向突出商品品质、品牌形象、商品个性的方向发展。例如在日本有一家叫作"无印良品"的销售连锁店，其行销的特点是产品品质追求一流，在包装设计和广告宣传上做到极简，而且风格一致，无论是服装、日用品，还是食品都能使顾客尽量看到商品实物，感受到商品本身的品质，形成了视觉强烈的品牌形象。另外无印良品的产品包装基本上使用的是再生材料，也突出了企业的环保意识和富有社会责任感的形象（图2—14）。"无印良品"店于20世纪70年代出现，很快便在日本甚至在亚太地区受到了消费者，尤其是青年人的喜爱。

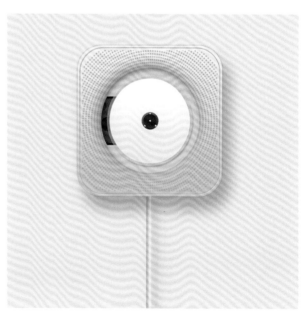

图 2—14 无印良品的 CD 机

第三章　包装的分类

3

包装按产品内容可划分为日用品类、食品类、烟酒类、化妆品类、医药类、文体类、工艺品类、化学品类、五金家电类、纺织品类、儿童玩具类、军用品类等，但不管哪个内容品类的包装，都可以将包装进一步划分。

第一节　按产品性质分类

一、销售包装

1. 销售包装的含义

销售包装又称商业包装，可分为内销包装、外销包装、礼品包装、经济包装等。销售包装是直接随商品进入零售网点与消费者或用户直接见面的包装。因此，在设计时，要有一个准确的定位，力求既简洁大方，方便实用，又能体现商品性（图3-1～图3-6）。

图3-2　马卡龙

图3-1　柿子饮品

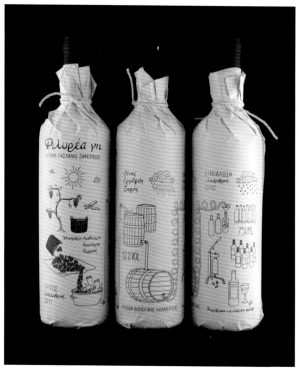

图3-3　香槟

图 3-4 牛奶

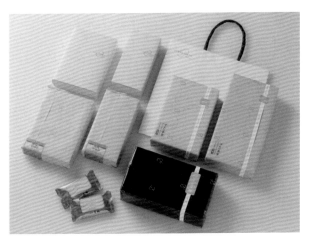

图 3-5 糖果

图 3-6 饮品

图 3-7 咖啡

2. 销售包装的文字说明

在销售包装上应有必要的文字说明（图 3-7），如品名、产地、数量、规格、成分、用途和使用方法等，文字说明要同画面紧密结合，互相衬托，彼此补充，以达到宣传和促销的目的。销售包装使用的文字必须简明扼要，顾客能看懂，必要时也可以中外文同时并用。在销售包装上使用文字说明或制作标签时，还应注意有关国家的标签管理规定。

3. 销售包装的条形码

商品包装上的条形码是由一组带有数字的黑白及粗细间隔不等的平行条纹所组成，这是利用光电扫描阅读设备为计算机输入数据的特殊的代码语言（图 3-8）。目前，世界上许多国家都在商品上使用条形码。只要将条形码对准光电扫描器，计算机就能自动地识别条形码，确定品名、品种、数量、生产日期、制造厂商、产地等，并据此在数据库中查询其单价，进行货款运算，打出购货清单，有效地提高销售效益和准确性。目前，许多国家的超级市场都使用条形码技术进行自动

图 3-8 产品条形码

扫描，如商品包装上没有条形码，即使是名优商品，也不能进入超级市场。

4. 销售包装的发展趋向

全球化经济时代借助科学进步使得包装材料和制作技术、设备日新月异。给销售包装的改进与创新创造了条件。但我国参加世贸组织后，将面对国内外两个市场的挑战，这就给销售包装带来了更艰巨的任务。

为此，我们要开阔眼界，及时了解和运用新材料、新工艺，观察分析新趋势，不失时机地开创新产品和新的销售包装。销售包装今后会倾向于多规格、系列化和特色化的发展趋势。包装材料则倾向于多功能、轻型化和绿色化。包装机械要求具备多用途、组合化和自动化。当前特别要求我们坚持走可持续发展道路，要求注意保持生态平衡，重视资源的节约和环境保护等。因此，我们在优化和创新销售包装过程中，更要抓住包装设计这个源头，使销售包装不仅能适应市场与消费需求，也能符合新时代自然环境提出的责任要求。

二、储运包装

储运包装是以商品的储存或运输为目的的包装。它主要在厂家与分销商、卖场之间流通，便于

产品的搬运与计数。在设计时，美感并不是重点，只要注明产品的数量，发货与到货日期、时间与地点等就可以了（图3-9）。

储运包装主要涉及以下几个种类。

1. 内包装

易碎品内包装最主要的功能是提供内装物的固定和缓冲。合格的内包装可以保护易碎品在运输期间免受冲撞及振动，并能恢复原来形状以提供进一步的缓冲作用。市场上有多种内部包装材料及方法可供选择（图3-10）。

2. 衬板

衬板是目前最流行的内部包装形式，通常是使用瓦楞纸板通过彼此交叉形成一个网状结构，在尺寸上与外包装纸箱相匹配。根据所装物品的形状，对瓦楞纸衬板进行切割，然后将物品卡在其中即可。从衬板的制作、切割和装箱，全部的过程都可以通过机械化操作完成，非常适合大批量的产品包装。

用瓦楞纸衬板作为内部包装，可以提供良好的商品固定性能，能够避免易碎品之间的相互碰撞，降低破损率。由于制作材料是瓦楞纸，与瓦楞纸箱材料一致，利于统一回收，符合环保需求，成本也很低。

与箱体底部接触的物品由于所承受压力较大，

图3-9 运输包装

图3-10 零食包装

受损概率也较大。通常在箱底添加一层瓦楞纸隔板（图3-11），以增强缓冲性能。目前市场上也出现了用塑料制作的隔板。它采用高密度聚乙烯（HDPE）或聚丙烯（PP）挤出或挤压成型，具有低成本、抗弯折、耐冲击、无污染、抗老化、耐腐蚀、防潮防水等多种优点，可以解决啤酒瓶、陶瓷等在大批量搬运过程中可能遇到的隔层包装问题。与瓦楞纸板相比，塑料隔板更能适应仓储管理货架化等趋势，将得到越来越广泛的应用。

3. 泡沫塑料及替代品

（1）泡沫塑料。作为传统的缓冲包装材料，发泡塑料具有良好的缓冲性能和吸振性能，材质轻、保护性能好、适应性广等，广泛用于易碎品的包装上。特别是发泡塑料可以根据产品形状预制成相关的缓冲模块，应用起来十分方便。

聚苯乙烯泡沫塑料曾经是最主要的缓冲包装材料。不过，由于传统的发泡聚苯乙烯使用会破坏大气臭氧层的氟里昂作发泡剂，加上废弃的泡沫塑料体积大，回收困难等原因，逐渐被其他环保缓冲材料所替代。

（2）发泡PP。发泡PP不使用氟里昂，具有很多与发泡聚苯乙烯相似的缓冲性能，它属于软发泡材料，可以通过黏结组成复杂结构，是应用前景很

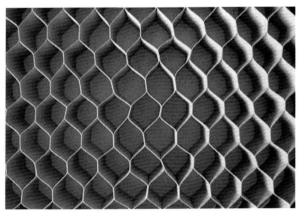

图3-11　瓦楞纸隔板

好的一类新型缓冲材料。

（3）蜂窝纸板。蜂窝纸板具有承重力大、缓冲性好、不易变形、强度高、符合环保、成本低廉等优点。它可以代替发泡塑料预制成各种形状，适用于大批量使用的易碎品包装上，特别是体积大或较为笨重的易碎品包装。

（4）纸浆模塑。纸浆模塑制品也是可部分替代发泡聚苯乙烯的包装材料。它主要以纸张或其他天然植物纤维为原料，经制浆、模塑成型和干燥定型而成，可根据易碎品的产品外形、重量，设计出特定的几何空腔结构来满足产品的不同要求。这种产品的吸附性好、废弃物可降解，且可堆叠存放，大大减少运输存放空间。但其回弹性差，防震性能较弱，不适用于体积大或较重的易碎品包装。

4. 气垫薄膜

气垫薄膜也称气泡薄膜，是在两层塑料薄膜之间采用特殊的方法封入空气，使薄膜之间连续均匀地形成气泡。气泡有圆形、半圆形、钟罩形等形状。气泡薄膜对于轻型物品能提供很好的保护效果，作为软性缓冲材料，气泡薄膜可被剪成各种规格，可以包装几乎任何形状或大小的产品。使用气垫薄膜时，要使用多层以确保产品（包括角落与边缘）得到完整的保护。

气垫薄膜的缺点在于易受其周围气温的影响而膨胀或收缩。膨胀将导致外包装箱和被包装物的损坏，收缩则导致包装内容物的移动，从而使包装失稳，最终引起产品的破损。而且其抗戳穿强度较差，不适合于包装带有锐角的易碎品。

5. 现场发泡

现场发泡，主要是利用聚氨酯泡沫塑料制品，在内容物旁边扩张并形成保护模型，特别适用于小

批量、不规则物品的包装。

一般的操作程序是，首先在纸箱底部的一个塑料袋中，注入双组分发泡材料；然后将被包装产品放在发泡材料上；再取一个塑料袋，注入适当分量的发泡材料覆盖在易碎品上，很快发泡材料充满整个纸箱，形成对易碎品的完美保护。

现场发泡最大的特点在于可在现场成形，不需用任何模具，特别适合于个别的、不规则的产品，或贵重易碎品的包装，可广泛用于邮政、快递等特殊场合使用。

6. 填料

在包装容器中填充各种软制材料作缓冲包装曾被广泛采用。材料有废纸、植物纤维、发泡塑料球等。但由于填充料难以填充满容器，对内装物的固定性能较差，而且包装废弃后，不便于回收利用，因此，目前这一包装形式正在逐渐衰退。

三、军需品包装

1. 军需品包装的含义

军需品包装是指用于军事目的各种用品的保护性包装，通常由军事机构确定与管理其组成部分，提出较详尽的性能要求。军需品包装包括武器弹药、后勤物资装备、医疗器械、化学制品、军用食品等（图3-12、图3-13）。

2. 军需品包装的特殊性

（1）政府供应系统。军需品包装应用很广。军需品包装的组织、供应、运输、储存都由政府专门机构直接管辖，具有秘密性。

（2）对包装的要求高于商业包装。考虑到军需品的使用时间和地域的发散性和极端性，政府对包装的要求自然更为严格。

（3）安全可靠性高于一切。武器装备系统日益复杂与昂贵，需要高度可靠性的包装保护系统。在这方面，宁可过分要求包装的安全可靠性，也不要降低其包装成本。商业包装中可接受的某种风险度在军用包装中不存在。

（4）要求更高的轻便性和耐用性。战争装备及其包装要跟随部队在野战条件下辗转携带与使用，灵活性与经久耐用性更显得重要。

军需品包装由于在设计时很少遇到，所以在本书不进行详细介绍。

图3-12　压缩干粮

图3-13　宾酒

第二节　按包装大小分类

一、内包装

内包装也称个包装或小包装（图 3-14）。它是与产品最亲密接触的包装，与商品同时装配出厂，是产品走向市场的第一道保护层。内包装一般都陈列在商场或超市的货架上，最终连产品一起卖给消费者。商品的小包装上多有图案或文字标识，具有保护商品、方便销售的作用。因此设计内包装时，更要体现商品性，以吸引消费者。

图 3-14　糖果内包装

二、中包装

中包装主要是为了增强对商品的保护、便于计数而对商品进行组装或套装（图 3-15、图 3-16）。比如一箱啤酒是6瓶，一捆是10瓶，一条香烟是10包等。

图 3-15　罐装啤酒包装

图 3-16　玻璃啤酒包装

三、大包装

大包装也称外包装、运输包装。因为它的主要作用也是增加商品在运输中的安全性，且又便于装卸与计数。大包装的设计（图 3-17）要相对小包装简单些。一般在设计时，也就是标明产品的型号、规格、尺寸、颜色、数量、出厂日期。再加上一些视觉符号，诸如小心轻放、防潮、防火、堆压极限、有毒等。

图 3-17　大包装

第三节 按包装防护技术方法分类

按包装防护技术方法可分为真空包装、抗菌包装、缓冲包装、防辐射包装、脱氧包装、防伪包装等。

一、真空包装

真空包装也称减压包装，是将包装容器内的空气全部抽出密封，维持袋内处于高度减压状态，空气稀少相当于低氧效果，使微生物没有生存条件，以达到果品新鲜、无病腐发生的目的（图3-18）。目前应用的有塑料袋内真空包装、铝箔包装、玻璃器皿、塑料及其复合材料包装等。可根据物品种类选择包装材料。由于果品属鲜活食品，尚在进行呼吸作用，高度缺氧会造成生理病害，因此，果品类使用真空包装的较少。

图3-18 真空包装

真空包装的优点如下。

（1）排除了包装容器中的部分空气（氧气），能有效地防止食品腐败变质。

（2）采用阻隔性（气密性）优良的包装材料及严格的密封技术和要求，能有效防止包装内容物质的交换，既可避免食品减重、失味，又可防止二次污染。

（3）真空包装容器内部气体已排除，加速了热量的传导，这既可提高热杀菌效率，也避免了加热杀菌时，由于气体的膨胀而使包装容器破裂。

二、抗菌包装

抗菌包装是通过延长微生物停滞期，减缓生长速度或者减少微生物成活数量来限制或阻止食品腐败的包装。

抗菌包装是活性包装中最重要的一种，是通过使用具有杀菌作用的包装材料，抑制储藏过程中食品微生物的生长并避免食品的二次感染，从而延长食品的保质期。抗菌包装作为一种新型活性包装技术，将会对食品安全性的提高和货架期的延长产生重大的积极影响。

1. 抗菌作用方式

抗菌包装根据抗菌作用方式可分为释放型、固化型和吸收型。释放型抗菌剂通过扩散作用达到食品或包装顶部空间而抑制微生物的生长。抗菌剂可以是固体溶质，也可以是气体，但是固体溶质型抗菌剂不能越过包装和食品间的空间迁移，而气态抗菌剂可以穿过包装内的任何空间。固化抗菌包装系统不释放抗菌剂，只抑制与包装接触食品表面的微生物生长。吸收型抗菌包装主要是通过吸收作用，消除利于微生物生长的因素以阻止其生长，如氧气吸收系统抑制包装内的霉菌生长。

2. 抗菌包装的种类及其应用

（1）将含有挥发性防腐剂的小包或固体片剂直接装入包装袋。最早由日本开发的一种抗菌包装体系是将乙醇吸附包埋进载体材料，然后装入多聚物小袋中，通过乙醇选择透过性膜释放到包装袋顶隙，来对被包装物进行杀菌。

（2）将抗菌剂直接混入聚合物的包装材料上。在包装材料中添加抗菌剂的原理是抑制食品原料表面微生物的生长，在包装材料中添加抗菌剂比直接浸泡和喷洒抗菌剂更有优势，可以大量减少抗菌剂的用量和避免由于食品化学组分的影响而降低抗菌剂的抗菌活性。添加到包装材料内的抗菌剂有很多，主要可以分为有机化学抗菌剂、无机抗菌剂和天然生物抗菌剂。

（3）在聚合物的包装材料上包覆或吸附抗菌剂。由于一些抗菌剂不耐高温，所以通常先将包装材料加工成薄膜，然后将抗菌剂涂覆在包装材料表面，或者将抗菌剂添加到膜液中流延成膜，进而涂覆在包装材料上或者食品表面。

（4）通过化学键合方法将抗菌剂固定在聚合物包装材料上。主要的键合方法包括离子键或共价键方式，要求抗菌剂和聚合物膜分子中具有可键合基团。常用的抗菌剂有肽、酶、聚胺和有机酸等。另外，抗菌剂和聚合物的键合过程最好能有一个中间桥联分子，以保证抗菌分子有足够的运动空间去自由接触食品表面的微生物。可作为潜在的桥联分子的有

葡聚糖、聚乙烯醇、乙二胺和聚乙烯亚胺等。

（5）直接使用本身具有抗菌功能的聚合物包装材料。一些天然或合成的聚合物分子本身具有抗菌活性，如壳聚糖和聚赖氨酸等阳离子膜，其分子中所带胺离子可与细胞膜阴离子反应，引起细胞粘连泄漏。因此，壳聚糖涂膜可保护新鲜蔬菜和瓜果不发生霉烂；褐藻酸钙可抑制牛排中病原菌的生长；由丙烯酰胺单体共聚合成的抗菌聚合物可作为包装材料用于果蔬的保鲜。此外，含有胍基的聚合物也多具抗菌性。

三、缓冲包装

1. 缓冲包装的含义

货物在流通运输过程中难免会受到各种因素的影响而受损。这些因素来自于机械、环境、气候、生物等各个方面，其中来源于运输流通环节的冲击与振动引起产品包装系统的损坏，在货物流通过程的各种损坏中占 70% ~ 80%。

装卸作业和运输作业中许多活动都会引起对货物的冲击与振动，如货物的抛掷和翻滚、堆垛的倒塌、交通工具的启动和制动、列车车厢的挂车、发动机的振动、不平路面引起的颠簸、海中航行船体的摇摆与振动等。

缓冲包装又称防震包装，是指在产品包装系统中合理选择具有良好能量吸收性或耗散性的材料作包装容器或衬垫材料，使系统内产品或元件受到的冲击影响为最小，从而达到保护商品功能之目的（图3-19）。其主要原理是利用包装材料的缓冲特性，延缓冲击作用时间，避免过激的冲击峰值。

2. 缓冲材料的基本性能要求

缓冲材料是指能吸收冲击和振动的机械能，并

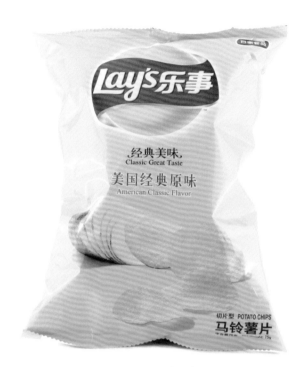

图 3-19　乐事薯片

将其转化为变形能的材料。它能把施加于包装货物上的冲击和振动力缓和地传递于内部产品上。因此，缓冲材料既要有弹性又要有黏滞性。为了应对各种恶劣情况和有利于环保，它还需要其他基本特性。

总体而言，缓冲材料必备的基本特性如下。

（1）缓冲性能。

（2）弹性稳定性。

（3）回复性。

（4）抗破损性。

（5）耐磨性。

（6）可扭曲性。

（7）拉伸强度。

（8）化学中性。

（9）温度稳定性。

（10）耐水耐潮性。

（11）防霉性。

（12）耐油性。

（13）抗静电性。

（14）废弃物易处理性。

3．缓冲包装的设计原则

缓冲包装的设计原则如下。

（1）产品在包装容器中要固定牢靠，不能活动，对其突出而又易损部位要加以支撑，同一包装容器有多件产品时，应进行有效隔离。

（2）选择合适的缓冲衬垫，缓冲衬垫的面积视产品或内包装的重量、缓冲材料的特性而定。总之，缓冲衬垫所受的静压应力应合适。

（3）正确选择缓冲材料，产品的品种、形状、重量、价值、易损性等的不同，对缓冲材料的要求也不同。

（4）包装结构应尽量简单，便于操作、开启，便于从包装内取出产品（图 3-20）。

（5）设计时应对各种因素进行综合考虑，如计算振动量时，既要考虑共振时包装件整体的响应，又不可忽视对产品关键构件或易损构件的响应。

四、防辐射包装

防辐射包装是通过包装容器及材料防止外界辐射线损害内容物品所采取的防护性包装措施。

1．防辐射包装材料

具有高导电率和导电系数的铜、铝、铁均可作为防辐射金属屏蔽包装材料。除了采用单一的较厚的金属板作包装材料，目前又有用电铸法提炼的纯铁箔和电解铜箔与各种塑料膜叠合而成的质轻、方便、性能优良的屏蔽性包装材料（图 3-21）。

2．防辐射包装的方法

（1）防光辐射包装。采用能防止光线透过的黑色纸、炭黑型导电塑料膜、铁皮等制成容器，可有

图 3-20　纸袋

效防光辐射。导电性纸盒和导电性瓦楞纸箱、硬质密闭塑料盒、金属容器均可作光敏感产品的运输包装容器，当然还需要保证密封与无漏光的措施。

（2）防电磁辐射包装。对于各种电子元器件、电子精密仪器、医疗器械、计算机、自动化办公设

备等对电磁辐射十分敏感的产品，通常都需要采用防电磁辐射包装方法。但对于电子产品而言，单纯采用高性能屏蔽包装材料不一定能完全有效地消除电磁辐射对产品性能的影响，需要在电子产品的电路结构设计时综合考虑到电磁保护和屏蔽问题，因为外包装屏蔽材料不能完全阻隔电磁波，只是起衰减作用。

五、脱氧包装

1. 脱氧包装的含义

脱氧包装是继真空包装和充气包装之后出现的一种新型除氧包装方法。脱氧包装是在密封的包装容器中，使用能与氧气起化学作用的脱氧剂（图3-22）与之反应，从而除去包装容器中的氧气，以达到保护内装物的目的。脱氧包装方法适用于某些对氧气特别敏感的物品，使用于那些即使有微量氧

图 3-21　啤酒

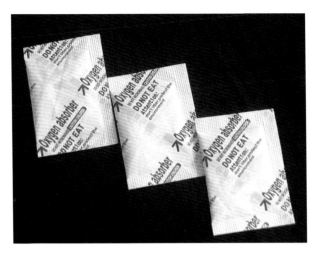

图 3-22 脱氧剂

气也会促使品质变坏的食品包装中。与脱氧包装关系最密切的是脱氧保鲜剂，脱氧保鲜剂无毒无味、脱氧彻底、绝氧所需的时间短，使各类产品不易发霉、生虫、蝎变，能很好地保持原有的性能，保证产品的质量。脱氧包装适用于食品包装，对贵重金属、仪器、仪表等的长期封存、防锈、防霉也有良好作用。

2. 脱氧包装的特点

（1）脱氧包装克服了真空包装和充气包装去氧不彻底的缺点，同时脱氧包装还具有所需设备简单、操作方便、高效、使用灵活等优点。

（2）在食品包装中封入脱氧剂，可以在食品生产工艺中不必加入防霉和抗氧化等化学添加剂，从而使食品安全、卫生，有益于人们的身体健康。

（3）采用合适的脱氧剂，可使包装内部的氧含量降低到 0.1%，食品在接近无氧的环境中储存，防止其中的油脂、色素、维生素等营养成分的氧化，较好地保持产品原有的色、香、味和营养。

（4）脱氧包装比真空和充气包装能更有效地防止或延缓需氧微生物所引起的腐败变质，这种包装

效果，可适当增加食品中的水分含量（如面包）并可适当延长产品的保质期。

3. 脱氧包装的要求

（1）脱氧剂对人安全无毒。在封入食品包装中时，脱氧剂可能与食品发生接触，也有可能被误食，所以要保证其对人体无害。

（2）脱氧剂不能发生反应。脱氧剂不应与被包装物发生化学反应，更不能产生异味或发生有害物质的反应。因此，在使用脱氧剂时对脱氧剂性质及被包装物的特性都要有所了解。

（3）脱氧剂储藏时的温度不能太低。铁系脱氧剂等在 -5℃ 的温度下储藏后，其脱氧能力下降，即使温度再恢复到常温时其活性也难复原。在 -15℃ 时则丧失其脱氧能力，因此，要注意包装物温度的变化范围。

（4）脱氧剂在使用前应密封在气密性好的包装容器中。脱氧剂在空气中搁置的时间不能太久，以防失效。例如铁系脱氧剂开封后一般应在 5 小时内使用完，否则会影响其吸氧性能。如启封的脱氧剂一次使用不完，应立即再行密封保存。

（5）根据不同的脱氧需求选用适宜的脱氧剂。如用于要求快速降氧产品的封入脱氧剂包装时，则应选择脱氧速度快的（速效型）脱氧剂；相反，则可使用脱氧速度较慢的（缓效型）脱氧剂。用于对氧含量有严格限制的产品时，则应选择脱氧效果高的脱氧剂。

（6）包装保持一定气压。包装内的氧由脱氧剂吸收后，由于氧气量的减少使得包装内减压，代之产生碳酸气及氮气等惰性气体，所以保持一定的气压很有必要。由于在水分较高的条件下，碳酸气可以促进厌氧细菌的增殖，所以一般选择可以产生氮的脱氧剂来达到去氧的目的。

六、防伪包装

防伪包装建立在包装三大功能（保护功能、方便功能和促销功能）基础上，是包装保护功能的补充与完善。防伪包装可定义为借助于包装，防止商品在流通与转移过程中被人为因素所窃换和假冒的技术与方法。防伪包装主要是针对销售包装而言的，对于那些大批量的工业品包装及运输包装，防伪包装的意义相对小些，甚至有些包装及其产品几乎没有必要防伪。

第四节　按包装产品经营方式分类

一、内销产品包装

内销产品包装即为适应商品在国内的销售所采用的包装。具有简单、经济、实用的特点（图3-23）。

二、出口产品包装

出口产品包装是为了适应商品在国外的销售以及国际运输而采用的包装。因此，在保护性、装饰性、竞争性以及适应性上要求更高（图3-24）。

三、特殊产品包装

特殊产品包装是为工艺品、文物、军需品等采用的包装，一般成本较高。

图 3-23　菊花茶

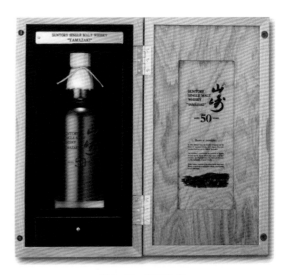

图 3-24　酒品包装

第五节　按销售形式分类

一、系列包装

系列包装是现在企业对商品包装设计最为典型的一种包装销售形式，是指企业采用相同或相似的视觉形象，利用统一协调的包装设计手法，起到提高设计和生产效率、推广商品形象、树立企业形象、扩大销售利润的作用（图3-25）。

1.系列化包装产生的必然性

（1）产品的多样化促成产品包装多样化、系列化。

（2）个性、专业化特色设计不断促成系列化包装。

（3）先进的包装技术开发设计与人性的结合，促使系列化的包装设计成为必然。

2.系列包装的品牌战略需求

（1）实施品牌战略、品牌设计与发布、品牌推广与传播、品牌管理与巩固。

（2）实施品牌延伸、一牌多品、多品牌策略、次品牌策略、副品牌策略、新品牌、商品牌等。

系列包装的特点包括系列化和统一化，要求在版式统一，色彩系列鲜明，造型风格一致，材质表现风格一致的前提下，富于变化。

二、礼品包装

作为销售包装中的一种，礼品包装不仅要满足基本的包装功能外，主要传递着人与人之间尊敬、爱慕、沟通等情感的交流信息。其包装一般都具备造型优美、图案华丽、用材讲究等特征（图3-26、图3-27）。

图3-25　系列包装

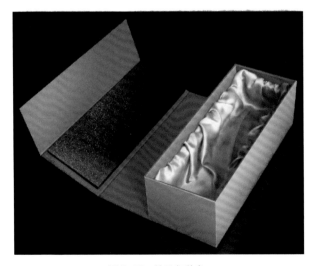

图3-26　礼品包装盒

图 3-27　酒鬼酒

三、 陈列包装

陈列包装又称广告式包装或 POP 包装（Point Of Purchase Advertising 的缩写），它是以宣传商品品牌形象、促进商品销售为目的的包装形式。

一般采用展开式、吊挂式、陈列式等特殊的包装结构和宣传式的视觉传达设计来促进商品的销售，是一种有效的现场广告手段。现在 POP 包装已发展到食品、玩具、文体用品、化妆品、医药、纺织品、五金产品、日用品等各个领域。

POP 包装的结构形式，大多是采用一板成型的"展开式"折叠纸盒形式，在盒盖的外面印上精心构思设计的图文，打开盒盖，就会形成与消费者视线成 90°角的图形画面，与盒内盛装的商品相呼应，从而起到销售现场直接对顾客施加影响的促销作用。所以，许多专家也把这种包装称作一种 POP 广告形式。这种包装形式最早起源于欧美，近几年在日本、东南亚等国家兴起。可见，这种包装的发展潜力还是很大的。

第六节　按包装结构分类

一、开窗式包装结构

这种形式的纸盒常用在玩具、食品等产品中。这种结构的特点是开窗的部分选用透明材料，能使消费者一目了然地看到内容物，增加商品的可信度（图 3-28～图 3-30）。

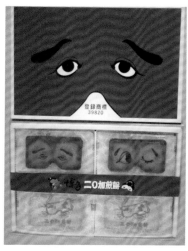

图 3-28　日本饼干包装

图 3-29　日本雪饼包装

图 3-30 糕点包装

图 3-32 月饼包装

二、抽屉式包装结构

这种包装形式类似于抽屉的造型，结构牢固，便于多次使用。常用于火柴包装、口服液包装等（图3-31）。

图 3-33 月饼礼盒包装

图 3-31 抽屉式包装

三、组合式包装结构

组合式包装结构多用于礼盒包装中，这种包装形式中既有小包装又有中包装，其特点是贵重精致，成本较高。如茶叶包装、月饼包装、酒包装等（图3-32、图3-33）。

四、异形包装结构

异形包装追求结构的趣味性与多变性，常适用于一些性格活泼的产品，如小零食、糖果、玩具等。这种结构形式较为复杂，但展示效果好（图3-34、图3-35）。

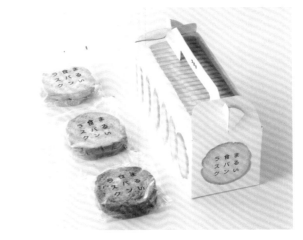

图 3-34 食品类异形包装

图 3-35　异形包装

图 3-37　饮品携带式包装

五、携带式包装结构

携带式包装结构是以便于消费者携带而考虑的，设计时，长、宽、高的比例要恰当。如正面稍凸，背面稍凹的小酒瓶设计，它可放在裤子后袋里。有些体积大的包装可以增加手提的结构，合理使用原材料，便于制作和生产。同时要考虑到手提的功能性，要能收能放，便于在运输中装箱时的科学安全性（图 3-36、图 3-37）。

六、易开式包装结构

易开式包装结构是具有密封结构的包装，不论是纸、金属、玻璃、塑料的容器，在封口严密的前提下，要求开启方便。易开式包装有易开罐、易拉罐、易开盒等。牛奶、饮料等容器基本上都采用这种方法。它包括拉环、拉片、按钮、卷开式、撕开式、扭断式等。易开式纸盒和易开式塑料盒都在盒的上部设计一个断续的开启口或一条像拉链似的开启口，用手指一按或一撕即可打开盒子。如袋装咖啡盒就是采用了拉链式开启口（图 3-38 ～图 3-40）。

图 3-36　携带式包装

图 3-38　罐头食品包装

图 3-39　啤酒包装

图 3-41　喷雾式包装

图 3-40　饮料包装

七、喷雾式包装结构

越来越多的产品，特别是液体状的，如香水、空气清新剂、杀虫剂等，都采用了按钮式喷雾容器包装（图3-41）。它是产品不可分割的一部分，采用这种包装结构，虽然增加了成本，但由于使用方便，因此具有很强的销售力。

八、配套包装结构

配套包装结构是把产品搭配成套出售的销售包装，配套包装的造型结构主要考虑把不同种类但在用途方面有联系的产品组织在一起销售的包装。如不同花样的毛巾、餐巾、香粉配香皂、五金工具配套等，利用产品包装造型的巧妙设计，把这些东西组合在一起，方便顾客一次购买到多种规格的商品。

九、礼品包装结构

专门为礼物进行的包装为礼品包装。礼品包装的设计要求独具匠心，因此造型结构追求较强的艺术性，同时具有良好的保护产品的性能。为增加商品的珍贵感，运用吊牌、彩带、花结、装饰垫（图3-42），以增加新鲜感、亲切感。

图 3-42　礼品包装

十、软包装结构

所谓软包装就是在填充或取出内装物后，容器的形状发生了变化或没有变化的包装，以管状型居多。由于软包装具有保鲜度高、轻巧、不易受潮，方便销售、运输和使用，因此食品调料、牙膏、化妆品等都可以采用这种包装（图3-43、图3-44）。它所使用的材料很多是具有各种功能的复合材料制成的。如玻璃纸与铝箔复合，铝箔与聚乙烯等。

十一、方便型小包装结构

方便型小包装结构也可称为一次性商品使用包装，体积小、结构简洁，便于打开。如星级宾馆中使用的一次性肥皂包装、茶叶、洗发膏、淋浴帽等的一次性包装等。

十二、食品快餐容器包装结构

食品快餐容器包装结构是随着快餐的发展而快速发展起来的包装。它具有清洁、轻便、方便和随

图 3-44　化妆品包装

时可以直接用餐等许多优点。如肯德基、麦当劳的汉堡包包装盒（图3-45）；冰激凌冷饮类包装盒、杯；品种造型繁多的杯容器；各种咖啡随身带、饮料纸杯等。

十三、桶状包装结构

桶状包装结构是随着人们生活节奏的加快而迅速发展起来的，能盛装一定重量的带有手提结构的容器。它主要用于液体类的产品，如油类等。由于这类包装容器大都采用透明材料，能直接观察到内盛物，因此它的设计主要注重于桶体结构的造型以及手提部位功能的合理性这两方面。

图 3-43　牙膏包装

图 3-45　快餐包装

第七节　按包装风格分类

一、传统包装

传统包装指包装设计中所使用的原材料，不同时代、文化背景，不同地域对包装材质的选择使用是不同的。中国传统包装产品多选用天然材料，用竹、木、纸生产的包装比金属与塑料更感亲切，如粽子与葫芦茶之类的包装形式都有大量合理的功能因素在内。传统包装文化中的情面味、乡土味、自然风为我们的设计提供了最为丰富的源泉。

二、怀旧包装

所谓怀旧包装是指设计者利用人们热爱大自然返璞归真、怀念过去的心理，人为地创造"旧式"或"原始"包装的形式。这类包装多采用天然材料，装潢粗糙简朴，但风格独特和谐（图3-46～图3-48）。如法国的调味品、酱料、渍菜等食品，是用粗加工的木片盒、木罐、木筒、荆条编制盒包装，顶面只贴上一张印刷的报纸，上面印有几行说明文字，看起来像是几个世纪前的产品，以唤起人们对遥远年代的回忆。我国四川花园豆瓣厂生产的特色产品"郫县豆瓣"采用的包装是手工编制的小篾篓，无任何装潢，开口处以一层红布封盖，与酱紫色的小篾相配，显得非常古朴，又富有特色，很有风格，对商品起到了极大的促销作用。出色的商品包装，既有赖于成功的艺术设计，又有赖于心理策略的运用，面对现代市场的激烈竞争，为使商品更有吸引力，企业必须讲究商品包装的设计，并结合消费者的心理特征进行。

图3-47　月饼包装

图3-46　茶叶包装

图3-48　酒包装

第八节　按流通机能分类

按照商品在流通中的机能不同又可分为商品包装和工业包装。这也是现在国际上比较通用的一种分类方法。

一、商业包装

一般来说，商业包装通常是以一个商品为一个销售单位的方式来进行包装的，其目的是为了体现商品价值，引起消费者的购买欲望，以起到促销的作用，因而在设计上主要突出包装结构、形态、色彩、图形、品牌形象等设计语言的表现力，以消费者需求为对象来进行设计。

二、工业包装

工业包装是指生产原料搬运所使用的容器以及产品从仓储、运输、销售环节所使用的包装等，其主要目的是使产品免于受到损坏并且适应现代物流行业的需求，这种包装大多可以回收使用，一般针对生产环节和存储运输环节，外观设计简洁，以可操作性、简便性、经济性、牢固性为主要设计出发点。

第九节　按流通领域的作用分类

一、物流包装

1. 运输包装

我国的国家标准《物流术语》（GB/T18354—2006）中将运输包装(Transport Package)定义为："以满足运输、仓储要求为目的的包装。"它的主要作用在于保障商品在运输、储存、装卸和检验过程中的安全，并方便储运装卸，易于货物的交接和检验。

2. 托盘包装

托盘包装就是单元货物的承载物。托盘包装是将若干商品或包装件堆码在托盘上，通过捆扎裹包或胶贴等办法加以固定，形成一个搬运单位，以便使用机械设备搬运。以托盘为单位的包装件是物流包装标准化的产物，它便于机械作业和运输。

3. 集合包装

集合包装是将一定数量的包装件或商品、装入具有一定规格、强度，适宜长期周转使用的大包装容器内，形成一个合适的装卸搬运单位的包装。如集装箱、集装托盘、集装袋等。

二、商流包装

商流包装是传统包装功能的延伸，实质是促销包装，因此，在设计时重点考虑的是包装物的造型、结构和装潢，目的在于通过包装物来展示和说明商品（图 3-49）。因为与商品直接接触，所以，对包装材料的性质、形态、式样等因素，都要从保护

商品着想；结构造型要有利于流通和储存；图案、文字、色调和装潢要能吸引消费者，能刺激消费者的购买欲望，起着广告宣传的作用。另外，包装单位要适宜消费者的购买量和商店的设施条件。

商流包装也具有传统的保护功能和方便功能，而更多的是促销作用。这类包装大多与物流运动不直接发生关系，而更多地服务于销售。

图 3-49　蔬菜

第十节　按包装容器的特征分类

一、按容器形状分类

根据容器形状，可分为包装袋、包装箱、包装盒、包装瓶、包装罐等。

二、按容器硬度分类

根据容器硬度，可分为软包装、硬包装和半硬包装。

三、按容器使用次数分类

按容器使用次数，可分为固定式包装、折叠式

包装、拆解一次性使用包装、周转使用包装、转作他用包装。

四、按容器密封性能分类

按容器密封性能，可分为密封包装、非密封包装和半透膜包装。

五、按容器档次规格分类

按容器档次规格分类，可分为高档包装、中档包装、普通包装和简易包装等。

第四章　包装的构成要素

第一节　材料要素

材料要素是商品包装所用材料表面的纹理和质感。它往往影响到商品包装的视觉效果，利用不同材料的表面变化或表面形状可以达到商品的最佳效果。

包装用材料，无论是纸类材料、塑料材料、玻璃材料、金属材料、陶瓷材料、竹木材料以及其他复合材料，都有不同的质地和肌理效果，是包装三大功能（保护、方便和销售）得以实现的物质基础。运用不同材料，并妥善地加以组合配置，可给消费者以新奇、怀旧或豪华等不同的感觉。材料要素是包装设计的重要环节，它直接关系到包装的整体功能和经济成本、生产加工方式及包装废弃物的回收处理等多方面的问题。

包装是品牌理念、产品特性、消费心理的综合反映，它直接影响到消费者的购买欲望。我们深信，包装设计是建立产品与消费者亲和力的有力手段。

经济全球化的今天，包装与商品已融为一体。包装作为实现商品价值和使用价值的手段，在生产、流通、销售和消费领域中，发挥着极其重要的作用，是企业界、设计者不得不关注的重要课题。

包装的功能是保护商品、传达商品信息、方便使用、方便运输、促进销售、提高产品附加值。包装作为一门综合性学科，具有商品和艺术相结合的双重性。

成功的包装设计必须具备 5 个要点，即货架印象、可读性、外观图案、商标印象、功能特点说明。

在包装材料上，呈现出了明显的多样性和丰富特征，这集中体现在材料的原料种类、形态结构、质地肌理和互相之间的组合对比上。有些设计师还创造性地运用变形、镂空、组合等处理手法来丰富材料的外观，赋予材料新的形象，强调材质设计的审美价值（图 4-1、图 4-2）。

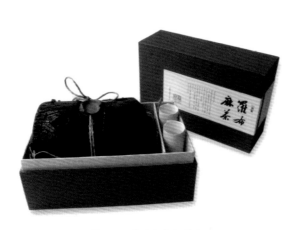

图 4-1　茶叶创意包装①

图 4-2　茶叶创意包装②

第二节　外形要素

外形要素就是商品包装的外形，包括展示面的大小、尺寸和形状。日常生活中我们所见到的形态有 3 种，即自然形态、人造形态和偶发形态。但我们在研究产品的形态构成时，必须找到适用于任何性质的形态，即把共同的、规律性的东西归纳出来，称之为抽象形态。

一、包装形态

我们知道，形态构成就是外形要素，或称之为形态要素，就是以一定的方法、法则构成的各种千变万化的形态。形态是由点、线、面、体这几种要素构成的。包装的形态主要有圆柱体类、长方体类、圆锥体类和各种单一形体以及不同形体的组合，因不同切割构成的各种形态包装构成的新颖性对消费者的视觉引导起着十分重要的作用，奇特的视觉形

态能给消费者留下深刻的印象（图 4-3 ～图 4-5）。包装设计者必须熟悉形态要素本身的特性及其表

图 4-4　粽子

图 4-5　树叶包装

图 4-3　胡萝卜

情，并以此作为表现商品包装形式美的素材。我们在考虑包装设计的外形要素时，还必须从形式美法则的角度去认识它。按照包装设计的形式美法则结合产品自身功能的特点，将各种因素有机、自然地结合起来，以求得完美统一的商品包装设计形象。

二、包装的外形

包装的外形是包装设计的一个主要方面，外形要素包括包装展示面的大小和形状。如果外形设计合理，则可以节约包装材料，降低包装成本，减轻环保的压力。图4-6在考虑包装设计的外形要素时，应优先选择那些节省原材料的几何体。各种几何体中，若容积相同，则球形体的表面积最小；对于棱柱体来说，立方体的表面积要比长方体的表面积小；对于圆柱体来说，当圆柱体的高等于底面圆的直径时，其表面积最小。

在包装的外形上，传统的包装方式和观念受到了挑战和冲击，如图4-7～图4-10所示。单从外观造型看，就有全包、透明、半遮掩、繁复、简约、粗放、狭长、层层叠叠、参差无序……充满了强烈的个性化和多元化。

图4-7　伦敦干松子酒

图4-8　橄榄油

图4-6　鸡蛋盒子

图4-9　水果酱

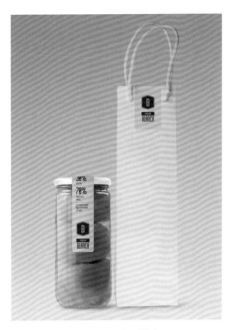

图 4-10　水果罐头

三、包装外形的形式美法则

包装外形要素的形式美法则主要从 8 个方面加以考虑。

（1）对称与均衡法则。

（2）安定与轻巧法则。

（3）对比与调和法则。

（4）重复与呼应法则。

（5）节奏与韵律法则。

（6）比拟与联想法则。

（7）比例与尺度法则。

（8）统一与变化法则。

四、包装外形设计原则

优秀的包装外形设计（图 4-11 ~ 图 4-14）应遵循以下原则。

（1）结合产品自身特点，充分运用商品外形要素。

（2）适应市场需求，进行准确市场定位，创造品牌个性。

（3）要以"轻、薄、短、小"为主导，杜绝过度包装。

（4）从自然中吸取灵感，用模拟手法进行设计创新。

（5）充分考虑环境与人体工程学要素。

（6）积极运用新工艺、新材料进行现代包装外形设计。

（7）大力发展系列化包装外形设计。

图 4-11　布里

图 4-12　布鲁克林饮食

图 4-13　果汁

图 4-14　肥皂

第三节　技术与结构要素

一、技术要素

要想真正达到绿色包装的标准，就需要绿色包装技术作为补充。这里说的技术要素包括包装设计中的设备和工艺、能源及采用的技术。绿色技术是指能减少污染、降低消耗、治理污染或改善生态的技术体系，如图 4-15、图 4-16 所示。

绿色包装设计的技术要素包括以下几点。

（1）加工设备和所用能源等要有益于环保，不产生有损环境的气、液、光、热、味等。加工过程不产生有毒、有害物质。

（2）增强可拆卸式包装设计的研究，以便消费者能轻易按照环保要求拆卸包装。

（3）加强绿色助剂、绿色油墨的研制开发。

绿色包装设计中的材料选择应遵循以下几个原则。

（1）轻量化、薄型化、易分离、高性能的包装材料。

（2）可回收和可再生的包装材料。

（3）可食性包装材料。

（4）可降解包装材料。

（5）利用自然资源开发的天然生态能的包装材料。

（6）尽量选用纸包装。

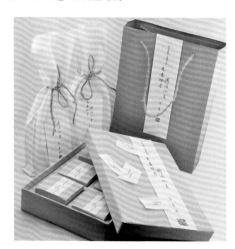

图 4-15　月饼

图 4-16 茶叶

图 4-17 咖啡

二、结构要素

在包装的结构上，由综合、清晰转向分解、模糊。解构了以传统立体构筑法设计成的鲜明解构，将平面造型与立体造型相结合，来重构包装各部分的解构，使之具有自由、松散、模糊、突变、运动等反常规的结构设计特征，从而形成一种全新的视觉效果，如图 4-17 所示。

将色彩、图形、商标、文字等视觉传达要素，有机地结合在特定的空间里，与包装的造型、结构以及材料相协调，构成一个趋于完美、无懈可击的整体形象（图 4-18）。

结构构成方法有垂直式 、水平式、倾斜式、分割式、中心式、散点式、边角式、重叠式、综合式。

结构构成原则是整体性、协调性、生动性。

图 4-18 鲜果汁

第四节　构图要素

一、包装设计中的平衡构图原则

平衡构图是指在左右或上下等量而不等形的构图形式，它能给人以活泼的感觉，平衡的结构形式

主要是掌握重心，重在人的心里感觉。我们之所以能够在瞬间判断出一个包装设计的好与坏，就是依靠人的这种心理感受力。平衡是在一个特定的环境位置中产生的，并不能孤立存在。所以包装设计中

的三要素只能在一定的包装结构中进行组合，离开了三要素的包装是没有任何价值的。如图4-19、图4-20所示，其设计的元素是处在一个统一体中的，相互之间有着联系。在包装设计中，包装设计的三元素图形、色彩、文字之间相互影响，才能使包装的构图处于平衡之中。

在包装设计中影响平衡的两个因素是重力和方向。

重力是由构图的位置决定的，一个位于构图上方的事物，其重力要比位于构图下方的事物要重一些。一个位于构图右方的事物，其重力要比位于左方的事物大一些。"孤立独处"也能够影响重力。

方向也是影响重力的重要因素，在此不再详述。

二、包装设计构图的任务与目的

包装是结合包装容器造型体现和完善设计构思的重要手段。它负担着商品信息传达、宣传和美化商品的重任（图4-21）。

构图正是围绕着以上任务和目的，将包装设计诸要素进行合理、巧妙的编排组合以构成新颖悦目而又理想的构图形式。

三、构图的基本要求

1. 整体要求

包装设计有许多基本要素要表达，如产品名称、商标、厂家地址、用途说明、规格等。所有这些形象在大小比例、位置、角度、所占空间等各个方面的关系处理是相当复杂的，而包装画面又多是较小设计，并要求在一瞬间即能简洁明了地向消费者传递诸多信息。包装设计尤其需要强调构图的整体性，

就像乐曲要设定一个基调一样，是活泼的还是严谨的，是华丽的还是素雅的……从而使画面形成一种大的构图趋势（图4-22）。

2. 突出主题

由于包装设计是在方寸之地做文章，这需要设

图4-19 三得利　　　　　图4-20 红酒外包装

图4-21 红酒包装

计者在所有需要表达的各种要素中，用一个或一组要素来发挥主题的作用，称之为主要形象。用各种手段，如位置、角度、比例、排列、距离、重心、深度等方面来突出这一主要形象。如果对众多要素不分主次、不加选择地"全面"表现，就像文章没有重点，电影故事里没有主角，其结果可想而知了。

3.主次兼顾

在包装画面诸要素的整体安排中，主要部分必须突出，次要部分应充分起到衬托主题的作用，给画面制造气氛，加强主要部分的效果。而次要部分如何更好地衬托主题，如何达到主次呼应、整体协调，则需要设计者反复推敲才能达到目的。构图的主要技巧就在于设计者对各部分关系的处理（图4-23、图4-24）。

4.构图形式

垂直式给人以严肃崇高、挺拔向上之感。

水平式给人以安静、稳定、平和之感。

倾斜式给人以一种方向感，一般采用由右向左倾斜，以方向的律动形成动感。

弧线式骨架包括圆形式、S线式两种，赋予画面空间感和生命力。

三角式画面分隔鲜明，视觉刺激强。

散点式自由奔放，使画面充实饱和，空间感强。

骨架实际上是垂直式与水平式的组合，稳重和

图4-23 系列红酒包装

图4-22 矿泉水包装

图4-24 KIRIN啤酒

谐。

中心式使主要表现内容于画面中心位置。

空心式与中心式骨架结构相反，将主要或大部分内容置于画面边缘位置。

格律式将画面分割为多个空间。

重叠式多层次重叠，使画面显得丰富。

第五节 视觉传达要素

一、符号文字

文字是人类进行信息交流的重要媒介。作为一种记录语言和传达语意的符号，文字在包装设计中具有内容识别与形态识别的双重功能。一方面，人们只有通过产品包装上的文字，才能清楚地了解产品的许多信息内容，如商品名称、标志名称、容量、批号、使用说明、生产日期等；另一方面，经过设计的文字，也能以图形符号的形式给人留下深刻的印象。包装设计中的文字在视觉传达设计中已提升到启迪性与审美性相融合的层次。经过精心设计的文字完全可以提升整个产品包装的设计效果。可以说，文字是包装设计的灵魂。

在包装设计中，文字是产品信息最全面、最明确、最直接的传达方式，使用与销售对象共同的语言，可以达到相互交流的目的。为了保护商品以及消费者的权益，世界上许多国家的包装法规均有在设计中使用规范文字的规定，以确保消费者能够准确地认识和理解。从各国包装法规来看，任何一种商品的包装必须首先要用自己本国的文字，其次才可用其他国家的文字来传达商品的信息，如图4-25所示。

另外，在包装文字中，药品的文字规定的十分严格，如中国国家食品药品监督管理局令第24号《药品说明书和标签管理规定》中要求"标签的文字应当能清晰辨认，标识应当醒目"，"应当使用国家语言文字工作文员会公布的规范化文字"，"药品通用名称应当显著、突出，其字体、字号和颜色必须一致"，对于横版标签，必须在上三分之一范围内显著位置标出；对于竖版标签，必须在右三分

图4-25 果汁

之一范围内显著位置标出；不得选用草书、篆书等不易识别的字体，不得使用斜体、中空、阴影等形式对字体进行修饰；字体颜色应当使用黑色或者白色，与相应的浅色或者深色背景形成强烈反差。

（一）包装设计字体

在大多数包装设计中，一些说明性或解释性文字，我们习惯地称之为"展示字体"。关于字体的选择，最需要考虑的因素是产品的属性及其所追求的目标市场，这些因素必须转化成适当的文字语言。在包装上使用何种字体，需要考虑几个方面：第一，与产品种类保持一致；第二，所需要的字体大小以及翻译成其他语言的情况；第三印刷用的承载物；第四，印刷工艺；第五，色彩以及行间距等。

包装设计字体主要分为中文和英文两种，也就是我们常说的汉字与拉丁文字。而最为常用的字体是印刷体、手写体、美术变体三类。

1．印刷体

印刷体，即用于印刷的字体。它是经过预先设计定形并且可以直接使用的字体。从整体上来说，它是应用最为广泛的字体，清晰、规整是它的主要特点。它具有美观大方、便于阅读和识别的特点和优势。汉字印刷体主要包括黑体、宋体、仿宋体、楷体、圆体等。拉丁文印刷体有罗马体、哥特体、意大利斜体、草书体等。其中每一类都包含多种变化形式，可以派生出许多新的字体。

（1）宋体。横细竖粗，笔画严谨，带装饰性点线，字形方正典雅、严肃大方、间隔均匀。

（2）楷体。书体挺拔，富有骨气，结构平正秀美，古朴典雅，是最具易读性的字体。例如，传统的商品包装以及传统工艺品、酒包装都适合采用。

（3）黑体。笔画单纯，浑厚朴素、醒目大方，无多余的装饰，具有强烈的视觉冲击力；内外空间

紧凑，有力量感和重量感。例如商品中的杀虫剂包装，小机械商品包装等，往往采用粗壮的黑体字体。

2．手写体

手写体主要是指书法体，一种借鉴中国书法艺术、经过精心设计处理的字体。书法体具有灵活多变的特点，本身具有一定的文化寓意和精神意蕴，代表不同时期的历史文化背景与设计风格特征，具有极强的民族文化感和浓厚的民族韵味，因此用于传统商品和具有民族特色的商品包装中。汉字中不同的字体具有不同的特征，在商品包装视觉设计中使用大篆、小篆、楷书、魏书、行草书，会使包装富有强烈的民族气息，能更好地体现商品的传统价值。中国传统的老字号产品，在包装上多用书法体。在日本的包装设计中，如图4-26、图4-27所示，书法体也是一种非常普遍的表现手法。

3．美术变体字

美术变体字是以美术字为原型，经过外形、笔画、结构、象形等的变化，形成丰富多彩的字体形象，是产品标志常用的表现字体。POP字体也是手写体的一种表现形式，如图4-28所示。它具有随意活泼、趣味性等特点。

图4-26 纸盒

图4-27　书法

图4-28　宏宝莱

（二）包装设计文字内容

包装文字主要包括品牌形象文字、资料文字和广告文字三大类。

1. 品牌形象文字

品牌形象文字，一般包括品牌、品名、企业标志与生产者信息等。它反映了产品的基本内容，是包装设计中主要的字体表现要素。

2. 资料文字

资料文字无论是在面积还是色彩等方面，都应占有突出的地位，因此这些要素常常安排在主要的设计结构面上。资料文字主要包括产品型号、规格、体积、容量、成分以及使用方法、用途、期效等说明性的信息内容，一般出现于包装的侧面、背面等次要位置，也可以另外设计单页附于包装内。它要求内容清晰、可读性强。

3. 广告文字

广告文字主要是指用来宣传产品主要特点的推销性文字，即广告语。广告文字一般表现较为灵活、生动，通常是一个词或一句话，能起到诱导消费者的作用。但是，其视觉性不应过于夸大，以免喧宾夺主。大体上讲，广告文字包括书法、刻画、印刷三种制作方式。

现代计算机技术的发展，给文字书写增添了新的形式，如喷墨打印等。不同的制作方式影响着文字字形的变化。文字的书写从最初的图画线条刻画发展到毛笔书写，再从刻版印刷制作发展到印刷字体的印刷，如图4-29、图4-30所示。具体到包装视觉设计当中，所使用的字体包括书写体和印刷体两大类。

图4-29　IP啤酒

图 4-30 黑啤酒

（三）文字设计的编排形式

包装设计中的文字编排设计主要考虑可读性与图形化两个方面的因素。可读性强调了包装文字的主要功能——告知功能，它使消费者能清晰地认知产品。图形化则强调了文字非阅读性的装饰功能，它重在文字的造型设计。

作为宣传产品与引导消费者的文字设计，应具有良好的识别性，如图 4-31、图 4-32 所示。在文字编排时，应首先考虑字体、字号以及粗细。字体的选择需要对产品历史、品类、特性有充分的了解。选择字体没有对错之分，但是，设计的成败在很大程度上取决于字体的选择和运用。在设计当中要学会自问：选择这样的字体是否能表达产品本身？它是平稳、优雅、活泼的，还是带有刺激性的？它能否与其他文字及图形相协调？它是否容易辨认？字体确定后，就需要考虑文字的大小写。字体的大小写具有不同的形象特征，大写比较有力、严肃，小写则比较随和、轻松。在设计时，要看一下字体大小写在板式中的不同效果。文字的粗细能够影响视觉的冲击力，选择哪一种粗细的文字最能表达所要表现的内容？它与其他文字的关系怎样？是追求对比，还是体现和谐？这些都需要不断的比较、体验。另外，字号、字距与行距等关系的选择与处理，也是进行包装设计时必须要考虑的。

常用的文字编排形式有如下几种。

（1）体验自由形式，提倡和肯定自然流露的东西。

图 4-31 蔬菜汁

图 4-32 比萨包装盒

（2）对字体的轮廓进行加工，随意弯曲或延展箭头。

（3）在 3D、动画或排版方面制造文字的动态效果。

（4）由平面向立体对字体进行空间延伸。

（5）用鲜明的黑白单色在包装的六面体上构造文字。

（6）将文字分解后再糅合在一起进行包装版式设计。

（7）把文字作为素材制成象征形象，用丝网印刷。

（8）把商品的形象变成文字形象标志。

（9）以一种搭积木的方式来制作文字，在文字的构造中构筑出空间感。

（10）将包装盒面的文字切割，凹凸压印、烫金。

一般来讲，在包装版面中，根据内容物的属性可以选择两三种字体来打造视觉效果，这样可以防止包装版面的凌乱。对这两三种字体进行拉伸、变形，便可以取得较好的效果。字号表示字体的大小，在计算机中，字体的大小通常采用号数制、点数制和级数制的计算方法。其中，点数制是国际上常用的计算字体大小的标准制度。"点"通常称为磅（P），每一点等于 0.35 毫米。在现代设计中，为了取得更加清秀、高雅、现代的视觉效果，文字字体设计有越来越小的趋势，但是考虑文字的可阅读性。字距与行距的选择没有绝对的标准，以往的版面字体一般是 8：10，即字体是 8 点，则行距是 10 点。现在，为了追求设计的特殊效果，字距与行距已被灵活地应用，疏松的字距排列可以使版面轻松、自由；而紧凑甚至是没有缝隙的字体排列，则可以使版面形成特殊的视觉效果。

二、图形

对于包装图形创意而言，丰富的内涵和设计意境对于简洁的图形设计来说显得尤为重要和难得，如图 4-33、图 4-34 所示。在现代包装设计中，图形不仅要具有相对完整的视觉语意和思想内涵，还要根据形式美的要求，结合构成、图案、绘画、摄影等相关手法，通过计算机图形软件的处理使其符号化，在包装设计的色彩、文字等要素中突显其独特的作用。在具体的图形设计中，要根据具体产品

图 4-33 KIRIN 啤酒小包装

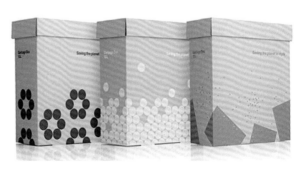

图 4-34 图形

的特性，正确划分目标消费群、了解消费者的价值观和审美观等，采用多向、多元、多角度的思维模式对包装的主要展销面上的图形进行精心的设计，形成新颖独特并具有亲和力的图形形象。

（一）图形设计的原则

1．准确传达信息

图形是一种有助于视觉传播的简单的语言，人们对其传达的信息的信任度超过了对纯粹的语言的信任度。就图形表现方式而言，无论是直接表现还是间接表现，无论是具象表现还是抽象表现，都要力求准确地传达信息。

2．鲜明的视觉个性

包装设计必须要有新颖独特的视觉效果，要具备独属自己的设计风格和特征。图形样式要求简洁生动、与众不同。具体来说，要跳出固有的设计模式，以全新的理念进行创新设计。

3．恰当的图形语言

图形语言的运用具有一定的局限性和地域性，不同的国家、地区、民族具有不同的风俗，在图形运用上也会有些忌讳。例如，意大利人忌用兰花，法国人忌用黑桃，我国较喜欢孔雀的图形，但在法国却不受欢迎等。

4．目标的吸引性

在包装图形设计中，要利用各种创意和手段，使包装形象能迅速地渗入消费者的潜意识，促使他们在不知不觉中对商品产生兴趣、欲望，进而作出抉择并购买。图形在包装视觉传达中，主要利用错视、图与背景的处理来实现，如图4-35所示。错视是利用图形构成变化引起观者产生情绪和心理活动。例如，图形中的"圆"点放在上方时有力量提升感；放在下方时有重心下降，有稳重感；把点分放在画面两边，则加大了动感等。这种错视效果，

能够使图形在包装设计中产生视觉假象，以与消费者的视觉感受相契合。

5．健康的审美情趣

现代商品包装不仅仅是一种商业媒介，而且是一种文化产品，它代表着一定时期的审美与文化特征。因此，在包装图形设计中，关于色情、迷信、暴力等的内容是不适合用于包装设计的。

（二）图形设计的表现形式

包装设计师必须知道如何创造出属于商品本身的形象，它可以使用现有的图像，也可以在具象图形和抽象图形之间做出选择。

1．具象图形

在设计项目的概念初始化阶段，包装设计师可以通过直观的草图或撕下来的资料表达自己的想法。尽管它可能不太精确，但足以传达设计理念。另外，图片库里还有众多可以在线获取的图片，这些图片也可以拿来参考。值得注意的是，使用图片库的资源时要查清楚版权，因为他们的图片主要是用来出售的。因此，在将图片用于最终的设计之前，必须查看它所需要的具体费用。

图4-35 牛肉

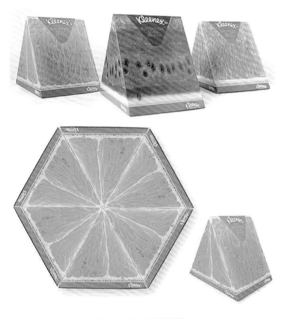

图 4-36 **异形包装**

图 4-37 **蜂蜜**

在众多的图形形式中，具象图形以它特有的表现优势，能在现代包装设计中准确、有效地传播信息，同时具有极高的艺术审美价值。具象图形主要通过摄影、插画、传统素材等方式来完成对产品客观形象的表现。获取方式有以下三种。

（1）摄影。摄影是现代包装设计图形应用最普遍的一种形式，它逼真、可信、感染力强，如图4-36、图4-37所示。尤其是那些最需要直接用形态、色彩等真实形象来展示的商品，如食品、水果、服饰等，

最适合用摄影的方式。相比于其他图形表现，摄影的优势在于能清晰地还原商品的外貌特征，能对消费者的心理产生强烈的诱导性，激发消费者的联想，感染消费者，并激发消费者的购买欲。

（2）插画。插画是指由传统写实绘画逐步向夸张、变形等抽象方向发展，强调意念与个性的表达，通过各种表现方式强化商品对象的特征与主题，如图4-38、图4-39所示。现代产品包装插画主要通过喷绘法、素描法、水彩画法、马克笔画法、版画法等手法，表现不同的视觉效果。随着现代科技的进步，出现了 Illustrator、Painter 等插画软件，这为商品包装插画创作提供了新的天地和新的图形语言，增强了插图的表现力和感染力。目前市场上大量出现的 CG 插图包装，已成为一种时尚，它以独特的造型和艳丽的色彩吸引了众多消费者的眼球。

（3）传统素材。包装设计在进行图形处理时，除了采用摄影和创作插画的形式之外，许多特定的产品包装还借用传统素材进行创作，主要有水墨画构成法、书法图形化、中国画素材新构成、民间艺

图 4-38 **插画包装**

图4-39　爆米花饼干

术题材新设计等。例如，日本的某些传统包装图形设计常常运用浮世绘、民间木版年画等表现形式烘托商品的民族传统特色。在我国也常常可以从许多茶叶、酒类等传统包装上看到历代名画。这些传统素材体现了产品的档次与文化品位，有助于增强消费者对产品的信赖感。

2. 抽象图形

抽象图形是利用造型的基本元素点、线、面，经理性规划或自由构成设计得到的非具象图形。有些抽象图形是由实物提炼、抽象而来的。其表现手法自由，形式多样，时代感强，给消费者提供了更多的联想空间。

富有现代美、形式感强的抽象图形包装容易为人们所接受。设计者为了追求包装的视觉效果和现代美感，往往采用抽象设计（图4-40）。采用抽

象的设计手法来表现香烟、药品、香皂、牙膏、洗衣粉、矿泉水、调味品、生理盐水等特定商品的内容，已是目前世界上包装设计的显著特点。通过现代技术手段所产生或呈现的种种特异的规则或不规则的几何纹样画面的特殊效果，具有非同寻常的几何形态感、不规则色块感、特殊立体感、深远感等。采用这种抽象语言，以某种似是而非的视觉效果，能够创造出特殊的包装视觉形态，从而成功地表达商品的内在意义。

3. 装饰图形

装饰图形是介于具象图形与抽象图形之间的图形，它是对自然形态或对象进行的主观性概括描绘，强调平面化、装饰性，拥有比具象图形更简洁、比抽象图形更明晰的物象特征，如图4-41所示。装饰图形的创作方式是通过归纳、简化、夸张，并运用重复、对比、图底反转等造型规律创造极具个性的图形，具有很强的韵律感。在包装设计中的运用装饰图形时，应根据产品的属性和特点选用适当的素材，按照一定的图案造型规律进行图形设计，突出产品形象特征。

图4-40　谷物

图 4—41　暖屋茶

三、商品包装条形码

条形码是商品包装图形要素的重要组成部分。

所谓条形码，是指一组宽度不同的平行线按特定格式组合起来的、具有一定意义的特殊符号。它可以代表任何文字、数字信息，是一种为产、供、销等环节提供信息的语言，是方便行业间管理、销售以及计算机应用的快速识别系统。条形码作为一种可印制的计算机语言，有人称之为"计算机文化"，它是商品进入国际市场的"身份证"。世界各国间的贸易，都要求对方必须在产品的包装上使用条形码标志。

条形码一般由 13 位数字组成，第 1 位到第 3 位数为国别代码，第 4 到第 7 位数为制造厂商代码，第 8 到第 12 位数为商品代码，第 13 位是校验码。它由四部分信息标志组成，即条形码管理机构的标志、企业的信息标志、商品的信息标志和条形码检验标志。通常，应用到商品包装上的条形码有两类，一类是原印条码，即在商品生产过程中已印在包装上的条形码；另一类是店内条码，即专供商店印贴的条形码，它只能在店内使用，不能对外流通。

在包装上印刷条形码，已成为产品进入国内外超级市场和其他采用自动扫描系统的商店的必备条件。要进一步推动我国产品的出口，提高市场占有率，我们必须积极地采用条形码技术。另外，值得注意的是，条形码是一种特殊的图形，它必须符合光电扫描的光学特性，其反射率差值要符合规定的要求，即可识性、可读性强。其颜色反差要大，通常采用浅色做条形间隔空间的颜色，采用深色做条形的颜色，最好的颜色搭配是黑条白空。其中，红色、金色、浅黄色不宜做条的颜色，透明、金色不能做空的颜色。商品条形码的标准尺寸是 37.29 毫米 ×26.26 毫米，放大倍率是 0.8 ～ 2.0，印刷条件允许时，应选择 1.0 倍率以上的条形码，以满足识读的要求。

四、韵律色彩

色彩对于包装设计来讲起着举足轻重的作用。当我们站立于琳琅满目的商品货架前时，首先映入我们眼帘的便是商品包装的色彩。事实上，色彩比形状更容易被人们接受。心理学研究也表明，人在观察物体时，色彩在人的视觉印象中占了最初感觉的 80% 左右。在五彩斑斓的商业包装上，色彩不仅关系到商品的陈列效果，而且还直接影响着顾客的情绪。因此，在包装设计中对色彩的处理是一个非常重要的环节。

汉斯·霍夫曼说过："色彩作为一种独特的语言，本身就是一种强烈的表现力量。"色彩不仅是绘画最具有表现力的要素之一，也是最能引起人们审美愉悦的形式要素。有人说，色彩是跳动的音符。的确，色彩与音乐在相同的表现性质上存在着知觉上的对应，两者有着许多共同的形式因素。在包装行业中，色彩常用来表现产品的类别、文化内涵，用于传达情感，如图4-42所示。需要注意的是，在具体的设计过程中，人们"阅读"色彩的速度要远快于文字，某种特点的颜色会引起人的内在情感反应。设计师的责任正在于平衡这些经常与设计参数相矛盾的色彩信息。

（一）包装色彩的功能

1. 美化功能

包装色彩的运用是同整个画面设计的构思、构图紧密联系的。优美得体的色彩能更好地宣传产品，陶冶消费者的心灵，这正是色彩的表现力量。包装的色彩要求平面化、匀整化，要求在一般视觉色彩的基础上，充分发挥想象。它以人与人之间的联系和对色彩的习惯为依据，进行高度的夸张和变色，这是包装艺术的一种特长。同时，包装设计的色彩还受到工艺、材料、用途、销售地等因素的制约。

2. 识别功能

在自助式的零售区域，色彩最重要的功能是为产品分类以及区分不同的产品。在大多数情况下，色彩被当作产品分类的代码，以引导品牌进行分类，这是一种将色彩作为消费者识别商品类别的行之有效的方法。对于任何一个包装项目，设计师都必须熟悉该市场及其色彩习惯，查看销售点的状况，分析色彩的使用情况。

（二）包装色彩的特征

1. 情感性

人们对特定颜色的反应能力一般是与生俱来的，而非理性的。包装的色彩设计要求能够体现出某些情感，以便在无意识的、直觉的层面上进行交流，而不只是停留在有意识的、分析性的视觉层面。用于描述色彩的词汇通常与情感有联系，如紫色表

图4-42 奶油

示"富有"，绿色表示"新鲜"等。毫无疑问，包装会将这些情感价值体现在产品上。

2. 象征性

色彩具有象征性，它在包装设计中的任务是传达商品的特性。在包装的视觉传达设计中，要通过鲜明的色彩来实现商品信息和包装视觉审美的传达。在设计中，要讲究整体布局，通过色彩充分表达出产品的属性；增强上市产品包装的色彩效应，使之率先吸引消费者的视线（图4-43）。

3. 民族性

色彩视觉引起的心理变化非常复杂，因时代、地域、个人心理等方面的不同而有所区别，不同的民族和国家对色彩含义的理解是很不相同的。如英国钻轮生产商会在产品包装上使用深蓝色，而意大利则用黑色，因为意大利人更喜欢有男子气的形象。中国人推崇红色和黄色，因而使其成为中国传统包装的标志性色彩。而日本食品包装的清淡色彩搭配，

图 4-43　盒装果酱

也透露出日本独特的民族文化气质。

（三）包装色彩的设计定位

合理的色彩计划和色彩搭配在包装中占有重要的地位，而如何搭配则依赖于设计师个人的文化和艺术修养。包装的色彩设计要求明快简洁，有吸引力和表达力，能满足消费者的心理和生理需求，并考虑经济成本和工艺条件等。

1．酒类包装色彩设计定位

如图 4-44 所示，酒类包装宜选用成熟稳重、高贵典雅、浓重而饱和度低的色彩，重在传达酒的悠久和高贵品质。

2．日用品包装色彩设计定位

日用品包装宜选用同色系进行色彩搭配；选用高纯度的色彩；用对比色进行面积上的对比；降低对比色的纯度（图 4-45、图 4-46）。

3．食品类包装色彩设计定位

食品类包装常用蓝紫色搭配，体现高贵、浪漫、敏感的气质，感性、随和且富有幻想；橙色和绿色能让人联想到食品丰富的营养；在绿色环保包装日益得到提倡的现代社会，牛皮纸等本色包装也日益

图 4-44　酒

受到青睐；倾向于食品本色的红、黄暖色则富有诱惑力，能激起人们的食欲（图 4-47 ～ 图 4-49）。

4．电子产品包装色彩设计定位

电子产品包装宜用同一色系，突出高科技感；黑、白、金、银等中间色的使用，能够柔化对比色之间的矛盾，达到冷静而尖锐的效果（图 4-50、

图 4-45　日化用品

图 4-46　日用品

图 4-47　糖果

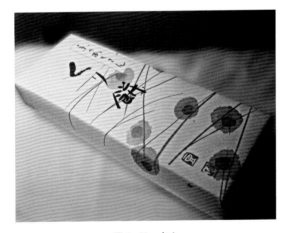

图 4-48　点心

图 4-49　食品

图 4-50　电子产品

图 4-51　手机

图 4-51）。

在包装设计上，色彩的运用也不再停留在传统的观念上，如在食品业中，传统观念认为应多用易于产生食欲的暖色调进行设计，但如"趣多多"食品在色彩上运用了传统工业包装设计中的蓝色，"怡口莲"食品也用了被视为神秘色彩的紫色，而"汰渍"洗衣粉却用了食品业中的橘色。这样的例子还有很多，它们反常态的色彩理念给消费者留下了深刻的第一印象，使产品品牌形象深入人心。在改变色彩的同时，设计者还应紧紧抓住产品原有的本质特征，在图片、图形、视觉符号等元素上准确反映产品的信息，这是包装设计在平面视觉上取胜的原因。

（四）平面编排

包装设计的视觉传达语言主要由视觉符号和编排形式来表达。把各种视觉符号加以整合，充分表达设计意图，这是平面编排的任务。从严格意义上讲，我们可以把包装设计看作一个"视觉场"，设计者必须有意识地将其中的视觉元素联结起来，找出元素之间的关联，即设计的形式法则、结构系统

等，然后根据图形、文字、空间、比例等因素按照
形式美法则进行组织编排，使包装画面具有一定的
视觉美感，同时体现其文化内涵。

1. 图形设计

图形在设计中一定要准确传达设计意图，抓住
商品的主要特征，注意关键部位的典型细节。在具
体的包装面的图形处理上，要注意大、小面积图形
的合理搭配和使用。大面积图形生动、真实，并具
有向外扩张性（图4-52）；小面积图形精致、细巧，
具有内在稳定性。大小面积图形的合理搭配使用，
可以产生视觉内外的节奏变化和版式空间的深度变
化。要注意的是，一定要明确版面的主体与从属、
重点与一般的视觉信息传达关系。

2. 图形与文字设计

相对于图形而言，文字表现是静态的。在同一
版面之中，图形、文字与空白这三者构成了富有形
式变化和比例关系的版式。大面积的文字有利于扩
大信息容载量，结合一定的空白表现，更有利于理
性诉求。在具体的包装设计中，图形与文字的关系
应灵活多变，应保持整体的活泼奔放，调整局部的

刻板生硬。

3. 文字设计

文字不但具有直接传达信息的功能，而且具有
良好的装饰功能。包装主题的表现大多需要文字。
包装设计中要处理好文字在整体设计中的位置、大
小、比例以及文字本身的字体与色彩等（图4-53、
图4-54）。一般消费品包装，主题文字宜突出，
可以安排在包装的视觉中心；高档消费品包装，主
题文字宜作优雅处理，文字位置也可安排在非常规
位置，在破格的构成当中求新奇。另外，采用草书、
木刻版文字、石刻文字以及各种文字等，可以产生
很好的装饰设计效果。

4. 色块与色块

任何色块在包装设计构成中都不应该是独立出
现的，它需要同上下、左右、前后诸方面色块相互

图4-53 咖啡

图4-54 瓶装果酱

图4-52 膨化食品

图 4-55 色块包装

呼应，并以点、线、面的形式作出疏密、虚实、大小的丰富变化。具体的包装面色块设计应根据内容、图形、效果等区分色彩的主次关系，也就是要区分主导色、衬托色还是点缀色（图 4-55）。

5. 各包装面之间的协调设计

包装设计并不是单纯的画面装饰，它是包装各要素的系统安排和整体协调。各个包装面的处理应注意整体性、关联性、生动性等基本原则和方法。在处理过程中，要保持一种基本构成格局与构成基调，进而配合局部成分的具体处理。例如，在同一图形、同一色块的呼应。

在不同包装面连贯式的构成处理，可以形成较好的销售陈列效果，产生统一的形象感。

五、包装设计编排

1. 视觉秩序设计

包装视觉秩序设计是利用人的视觉焦距，按照视觉先后的习惯，有计划地安排包装设计各视觉元素的主次以及各包装面视觉焦点的顺序，使整个包装设计富有内在逻辑性，使各个元素之间构成一个和谐的整体。它主要设计包装的视觉轻重节奏和视觉先后顺序两个方面。这就要求设计师要正确处理好主题与陪衬、对称与平衡、对比与协调等的关系，做到既要突出主题，主次分明，又要层次丰富、条

理清楚。

2. 设计编排基本方式

包装设计的视觉编排形式丰富多样，常用的构成类型大致有如下几种。

（1）对称式。可分上下、左右对称两种，有稳重、平静之感。

（2）垂直式。视觉元素采用竖向排列，以文字最为典型；有严肃、挺拔之感，适合长、高产品包装（图 4-56）。

（3）倾斜式。由下往上或由上往下排列；方向感、速度感很强；要在不平衡中求平稳。

（4）弧线式。包括圆形式、S 线式、旋转式等；构图形式灵活多变，圆润活跃；给人以浪漫、流畅、舒展的视觉感受。

（5）散点式。没有严格的排列格式，但聚散有序；形式自由、奔放，空间感强。

（6）中心式。主要元素置于画面中心位置，视觉安定，形象突出，层次丰富。

（7）重叠式。画面中各元素多层次重叠；画面丰富立体，有律动感；处理不当会使人产生信息混乱的感觉。

（8）综合式。构图形式没有明显倾向；形式往往介于两种构图形式之间，无固定规则，变化灵活。

图 4-56 果汁

第五章　包装的材料

5

材料是时代文明的象征之一，是包装设计的物质基础，无论是包装容器还是捆扎、包裹等，所有的包装都必须通过一定的材料来实现。因此，根据不同性质的商品与物资，恰当地选择和利用各类材质的技术工艺性能、外观肌理、色调、成本造价等特点是包装设计重要的一环。尤其是对具有不同功能性的材料的选择应用与设计，更直接地影响到包装的功能效果与加工工艺技术要求。所以，熟悉掌握应用各类包装材料的工艺性能特点，是现代包装设计人员应具备的基本素质之一。

商品包装的材料有很多种，从材料属性来说主要分为纸质材料和非纸质材料两大类。纸质材料是指以各种规格、质地的纸张以及以纸为基础原料的合成材料。纸质材料大规模地应用于包装产业是现代化包装的开始。非纸质材料指的是玻璃、陶瓷、金属、木材、塑料等材料。目前最常用的包装材料主要是纸材、塑料、金属和玻璃。

在与产品属性相符的情况下，挖掘包装材料的多种可能性是现代商品包装的一种重要设计理念。在具体的设计中，新兴材料和传统天然材料可以结合使用。实际上，传统包装材料很多都采用了天然材料，如我们日常生活中包粽子的竹叶、包肉的荷叶、装酒的葫芦等。

在包装设计中，无论选择什么材料，都一定要与产品相匹配，不能一味地追求高档而选择不相符的包装材料，应尽可能地从节约能源方面考虑。从消费的本质来说，消费者买的是商品而不是包装，包装设计带给商品的附加价值只有在与商品相符的情况下消费者才会被接受。因此，要认真对待包装设计中材料的运用问题。如月饼包装，随着物质文明的发展、生活质量的提高，近几年月饼包装似乎已经成为"过度包装"的代名词。国家明令禁止过度包装，以减少资源和能量的消耗。因此，要让包装真正做到锦上添花，而不是画蛇添足，更不是喧宾夺主。

包装材料的种类繁多，性能各异，设计人员在进行包装的整体设计时，不仅要考虑产品的属性，还要熟悉包装材料的特性及相应的容器形态的造型规律。对包装材料的选择正确与否，是设计好包装的重要一环。

第一节　绿色包装材料使用原则

一、使用期限长

包装设计人员应尽量采用绿色包装材料并设计使用寿命长的包装材料，能极大地减少包装物废弃后对环境的污染。

二、包装减量化

在一些发达国家，不少超市鼓励消费者使用能多次使用的尼龙购物袋，少用一次性塑料袋，在包装设计中使用的材料尽量减少，尽可能消除不必要的包装，提倡简朴包装，以节省资源。

三、包装材料单一化

采用的材料尽量单纯，不要混入异种材料，以便于回收利用。

四、包装设计可拆卸化

需要复合材料构成形式的包装应设计成可拆卸式结构，有利于拆卸后的回收利用。

五、包装材料的再利用

采用可回收、复用和再循环使用的包装，提高包装物的生命周期，从而减少包装废弃物。

六、包装材料的无害化

《欧洲包装与包装废物指令》规定了重金属含量水平（铅／汞和铬等），如铅的含量少于100PPM。我国也应以立法的形式规定禁止使用或减少使用某些含有铅、汞、锡等有害成分的包装材料，并规定重金属允许含量。

第二节　纸材料包装

"纸"指凡由植物纤维经打浆及悬浮，在细筛网上或毛布上抄制成的纤维交织的材料。纸通常较薄，重量较轻。常用纸包装的材料有如下几种。

一、牛皮纸

牛皮纸的特点是表面粗糙多孔。抗拉强度和撕裂强度高。牛皮纸又分为袋用牛皮纸、条纹牛皮纸、白牛皮纸等。由于牛皮纸价格低廉、经济实惠，由于其别致的肌理特征，常常被设计师们采用，大多

应用在传统食品及一些小工艺品的包装上。

二、玻璃纸

玻璃纸是以天然纤维素为原料制成的，有原色、洁白和各种彩色之分。玻璃纸的特点是薄、平滑，表面具有高强度、高明度、抗拉强度大、伸展度小、印刷适应性强、富有光泽、保香味性能好、有防潮、防尘等功效，多用于糕点等即食食品的内包装（图5-1）。

图 5-1　食品包装

三、蜡纸

蜡纸就是在玻璃纸的基础上涂蜡而成的，它具有半透明、不变质、不黏、不受潮、无毒性的特点，是很好的食品包装材料（图 5-2），可直接用来包裹食物，同时由于它半透明的特点，也常与其他材料搭配，形成朦胧的美感。

图 5-2　月饼

四、有光纸

有光纸比较薄，它的重要用途是印刷包装内附带说明，也可用来裱糊纸盒（图 5-3）。

图 5-3　彩色有光纸

五、过滤纸

过滤纸的主要用途是用来包装类似袋包茶等产品（图 5-4）。

图 5-4　过滤纸茶包

六、白板纸

白板纸分为有灰底与白底两种，纸面平滑、质地坚固厚实，有较好的抗张力、耐折。白板纸也可分为特级和普通、单面和双面。它可以简单地套色印刷，适用于做折叠盒（图 5-5）。

图 5-5　手提袋

七、胶版纸

胶版纸的特点是伸缩性小，对油墨的吸收性均匀、平滑度好，质地紧密不透明，白度好，抗水性能强。适用于信纸、信封、产品说明书、标签等（图5-6）。

图 5-6　胶版纸标签

八、铜版纸

铜版纸分单面和双面两种。其特点是纸面平滑洁白，黏力大，防水性强，适用于精致多色套版印刷。由于印刷工艺的提高，铜版纸被广泛地应用于高档包装领域，如香烟、保健食品（图5-7）等。

图 5-7　铜版纸包装盒

九、漂白纸

漂白纸的特点是强度高、纸质白、密度细、平滑度高，适用于外裹食品包装、标签等（图5-8）。

图 5-8　外裹食品包装

十、瓦楞纸

瓦楞纸又称箱板纸，是通过瓦楞机将有凹凸波纹槽型芯纸的单面或双面裱上牛皮纸或黄板纸。瓦楞纸的特点是耐压、防振、防潮、非常坚固，多用来制作纸箱，主要用来保护商品，便于运输（图5-9）。

图 5-9　烟灰缸礼盒

第三节　塑料材料包装

一、塑料薄膜

塑料薄膜是用各种塑料加工制作的包装材料，它具有强度高、防滑性能好、保护性能好、防腐性能好等特点，是很好的内层材料，常作商品的紧缩包装。

PE缠绕膜是工业用装膜制品，具有拉伸强度高，延伸率大、自黏性好，透明度高等特点。用于手工缠绕膜，也可用于机用缠绕膜，可广泛应用于各种货物的集中包装。PE缠绕膜主要由几种不同牌号的聚工烯树脂混合挤出而成，具有抗穿刺，超强度高性能，对堆放在托板上的货物进行缠绕包装，使包装物更加稳固整洁，有超强的防水作用，被广泛使用，在外贸出口、五金、塑料化工、建材、食品医药行业。

1.PE拉伸缠绕膜

PE拉伸缠绕膜，是以高品质的PE为基材，配加优质的增黏剂，经加温、挤压、流延，再经激冷辊冷却而成，具有韧性强、高弹性、防撕裂、高黏性、厚度薄、耐寒、耐热、耐压、防尘、防水、单面黏或双面黏等优点，在使用时可以节省材料、节省劳动力、节省时间，广泛应用于造纸、物流、化工、塑料原料、建材、食品（图5—10）、玻璃等行业。

2.PE拉伸膜的特性

（1）单元化。这是缠绕膜包装的最大特性之一。借助薄膜超强的缠绕力和回缩性，将产品紧凑地、固定地捆扎成一个单元，使零散小件成为一个整体，即使在不利的环境下产品也无任何松散与分离，且没有尖锐的边缘和黏性，能避免造成损伤。

（2）初级保护性。PE拉伸膜的初级保护性提供产品的表面保护，在产品周围形成一个很轻的保护性外表，从而达到防尘、防油、防潮、防水、防盗的目的。尤为重要的是缠绕膜包装使包装物品均匀受力，能避免因受力不均对物品造成损伤，这是传统包装方式（捆扎、打包、胶带等包装）无法做到的。

（3）压缩固定性。借助缠绕膜拉伸后的回缩力将产品进行缠绕包装，形成一个紧凑的、不占空间的单元整体，使产品紧密地包裹在一起，可有效地防止运输过程中产品的相互错位与移动，同时可调整的拉伸力可以使硬质产品紧贴，使软质产品紧缩，尤其是在烟草业以及纺织业中有独特的包装效果。

图5—10　蔬菜

（4）成本节约性。利用缠绕膜进行产品包装，可以有效降低使用成本，采用缠绕膜只有原本箱包装的 15% 左右，热收缩膜的 35% 左右，纸箱包装的 50% 左右。同时可以降低工人劳动强度，提高包装效率以及包装档次。

3.PE 拉伸膜的优点

PE 拉伸膜的优点是厚度薄，性能价格比好、外观透明、双面黏、无毒、无味、安全性好、使用方便、效率高、抗缓冲强度高、有良好的回缩率、抗刺穿、防撕裂性能好。

二、塑料容器

塑料容器是以塑料为基材，经各种加工法制造出的硬质包装体。它的形态包括了塑料袋、热成型塑胶容器、特殊胶积包袋等。

热成型塑胶容器是由热塑性胶版加热，拉至模型表现所制成的容器。

特殊胶质包装袋是由各种积层材或塑胶薄膜，制成具有厚度的袋型包装容器。

塑料的强度大、质量轻和不易破碎等特点使其在包装材料的竞争中立于不败之地。不仅如此，种类繁多的塑料包装设计可在很短的时间内实现并实施于生产。

塑料容器的特点如下。

（1）塑料密度小、质轻，可透明也可不透明（图 5-11）。

（2）易于成型加工，只要更换模具，即可得到不同品种的容器，易形成大批量生产。

（3）包装效果好，塑料品种多，易于着色，色泽鲜艳，可根据需要制作不同种类的包装容器，取得最佳包装效果。

（4）有较好的耐腐蚀、耐酸碱、耐油、耐冲击性能，并有较好的机械强度。

塑料包装容器也有其不足，如塑料在高温下易变形，故使用温度受到限制；容器表面硬度低，易于磨损或划破；在光氧和热氧作用下，塑料会产生降解，变脆，性能降低等老化现象；导电性差，易于产生静电积聚等。

图 5-11　塑料包装纯净水

第四节　金属材料包装

设计师用金属材质来提升品牌档次、显示品牌的尊贵气质，这是一种有效的包装手段。但是在我国，由于材料、价格、加工、回收等方面的原因，金属材料的用量较少。所以，金属复合材料的应用将具有广阔的前景（图5-12、图5-13）。

金属包装材料向轻量、薄、少或无表面处理及与高分子材料复合的方向发展。

图 5-12　金属包装盒

图 5-13　酒

金属包装容器向薄壁轻量和形式多样化的方向发展。

金属包装材料的优点如下。

（1）金属包装材料强度高。

（2）有独特的光泽，便于印刷、装饰，使商品外观美观华丽。

（3）具有良好的综合保护性能。

（4）资源丰富，加工性能好。

（5）生产历史悠久，工艺成熟，自动化生产，生产效率高。

金属包装材料的缺点如下。

（1）耐腐蚀性差，易生锈。

（2）金属及焊料中的Pb、As等易渗入食品中，污染食品，金属离子还会影响食品的风味。

（3）金属容器采用酚醛树脂作为内壁涂料时，若加工工艺不当，会影响食品的质量。

一、低碳薄钢板

（1）低碳薄钢板的定义。含碳量小于0.25%，厚度为0.2～4毫米的钢板。

（2）低碳薄钢板的分类。可分为热轧低碳薄钢板和冷轧低碳薄钢板。

（3）规格。低碳薄钢板在0.25～2毫米范围内，有23个不同的厚度规格，宽度范围为500～1500毫米。

（4）包装用低碳薄钢板的性能特点强度高，遮光性强，耐热性和耐寒性好，易于印刷装饰，热传导性好，塑性好，成型性能好，焊接性能好。

二、马口铁皮

马口铁皮是镀锡薄钢板，简称镀锡板，是两面镀有锡的低碳薄钢板。马口铁具有牢固、抗压、不易碎、不透气、耐生锈、防潮等特点。马口铁适用于食品包装中咖啡、奶粉（图5-14）、茶叶等较高档商品的包装。

图5-14　奶粉

三、铝

铝具有优良的金属特性。耐蚀性、延展性、不易生锈、光亮持久。由于重量相对较轻，且强度高，有独特的光泽，适印性和装饰效果好，较多运用于制作易拉罐制品（图5-15）。

铝包装的优点是质轻、无毒无味、延展性好、易于成型加工、有独特的光泽、适印性和装饰效果好、热传导效率高、适用于热加工食品和冷藏食品的包装、阻隔性能好、能回收利用、能与纸和、塑料薄膜复合，从而扩大了使用范围。

铝包装的缺点是耐腐蚀性差、强度较低、硬度较差、刚性较差、不具有可焊性。

图5-15　罐装饮料

四、铝箔

铝箔包装的优点：具有保温、保香、保味机能，硬度大、防菌、防虫、防霉、防潮，极宜清洁。印制性能良好，光泽明亮，易于加工，适用于食品类包装（图5-16）。

图5-16　软质铝箔包装

铝箔包装的缺点：软质铝箔不能承受载荷、耐折叠性差、无封缄性、易起皱、易形成针孔。

五、镀铬无锡铁皮

镀铬无锡铁皮具有极强的耐蚀性，但不易焊接。适用于做罐盖等（图5-17）。

图5-17 镀铬无锡铁皮

第五节 玻璃材料包装

玻璃包装容器是将熔融的玻璃料经吹制、模具成型制成的一种透明容器。

一、玻璃材料的特点

玻璃具有耐酸、稳定、无毒、无味、高透明性、清澈性等优点。缺点是重量大、易破碎、运输和存储成本较高等。因此，在具体产品设计时，要有针对性地选择，避其忌而扬其利。它的工艺简便，造型自由，可分大口瓶、小口瓶，多用于饮料、酒类、调味品、食品、化妆品、药品及一切液态产品等的包装（图5-18）。

图5-18 健康食品

二、玻璃包装容器分类

1．按瓶口大小进行分类

（1）小瓶口。它是指瓶口内径小于20毫米的玻璃瓶，多用于包装液体物料，如汽水、啤酒等。

（2）大瓶口。又称罐头瓶，瓶口内径大于30毫米，其颈部和肩部较短，瓶肩较平，多呈罐装或杯状。由于瓶口大，装料和出料均较易，多用于包装罐头食品及黏稠物料。

2．按几何形状进行分类

（1）圆形瓶。瓶身截面为圆形，是使用最广泛的瓶型，强度高。

（2）方形瓶。瓶身截面为方形，这种瓶强度较圆形瓶低，且制造较难，故使用较少。

（3）曲线形瓶。截面虽为圆形，但在高度方向却为曲线，有内凹和外凸两种，如花瓶式、葫芦式等，形式新颖，很受用户欢迎。

（4）椭圆形瓶。截面为椭圆，虽容量较小，但形状独特，用户也很喜爱。

3．按用途不同进行分类

（1）酒类用瓶。酒类产量极大，几乎全用玻璃瓶包装，以圆形瓶为主。

（2）日用包装玻璃瓶。通常用于包装各种日用小商品，如化妆品、墨水、胶水等，由于商品种类很多，故其瓶形及封口也是多样的。

（3）罐头瓶。罐头食品种类多，产量大，故自成一体。

（4）医药用瓶。这是用来包装药品的玻璃瓶，有容量为 10～200 毫米的棕色小口瓶，100～1000 毫升的输液瓶，完全密封的。

（5）化学试剂用瓶。用于包装各种化学试剂，容量一般在 250～1200 毫升，瓶口多为螺口或磨口。

4．按色泽不同分类

按玻璃瓶的色泽可以分为无色透明瓶、白色瓶、棕色瓶、绿色瓶和蓝色瓶等。

5．按瓶颈形状分类

按玻璃瓶的瓶颈形状可分为有颈瓶、无颈瓶、长颈瓶、短颈瓶、粗颈瓶和细颈瓶等。

第六节　陶瓷材料包装

一、陶瓷的概念

陶瓷是以铝硅酸盐矿物或某些氧化物为主要原料或加入配料并以当时的技术和工艺水平，按用途给予造型，表面涂上各种光滑釉，或特定的化学工艺，用相当的温度和不同的气体（氧化、碳化、氮化等）烧结成一种或多种结晶体，是用天然或合成化合物经过成形和高温烧结制成的一类无机非金属材料。它具有高熔点、高硬度、高耐磨性、耐氧化等优点。可用作结构材料、刀具材料，由于陶瓷还具有某些特殊的性能，又可作为功能材料。

陶瓷是我国传统的包装容器，它的造型、色彩极富装饰性，多用于酒（图5-19、图5-20）、泡菜、酱菜等传统食品，工艺品的包装，具有耐火、耐热、坚固、不变形等特点。

瓷器釉瓷分为高级釉瓷和普通釉瓷两种。高级釉瓷的釉面质地坚固、不透明、光洁、晶莹；普通釉瓷质地粗糙、不透明、光泽，一般用于泡菜酱菜等传统包装。

图 5-19　天之衡白酒

图 5-20　白酒

二、釉与陶瓷结合的作用

釉与陶瓷结合的作用主要有以下几点。

（1）使陶瓷胎表面致密化，不透水和气，有光泽，形成一层润滑的连续相。

（2）减少表面缺陷，给人一种晶莹如玉的美感。

（3）使表面处于承受若干预加压应力状态，相对地提高使用强度。

（4）消除表面显微裂纹，形成滑润的表面，容器易洗刷、消毒、灭菌、保持良好的清洁状态。

三、陶瓷的性能

陶瓷的化学稳定性与热稳定性均好，能耐各种化学物品的侵蚀，热稳定性比玻璃好，在250～300℃时也不开裂，耐温度剧变。

不同商品包装对陶瓷的性能要求也不同，如高级饮用酒（如茅台酒），要求陶瓷不仅机械强度高，密封性好，而且要求白度好、有光泽。有些材料则

要求电绝缘性、压电性、热电性、透明性、机械性能等。包装用的陶瓷材料主要从化学稳定性和机械强度考虑。

四、陶瓷的种类

1. 粗陶器

粗陶器的原料主要是含杂质较多的砂质黏土。它坯质粗疏、多孔、表面粗糙、色泽较深、气孔率和吸水率较大。表面施釉后可作为包装容器，主要用作陶缸。

2. 精陶器

精陶器的原料主要是陶土。坯体呈白色，质地较粗，陶器细腻，气孔率和吸水率也较小。常用作陶罐、陶坛和陶瓶。

3. 炻器

炻器也称半瓷，其主要原料是陶土或瓷土。它坯体致密，已完全烧结，但还没完全玻璃化，基本上不吸水。按其质地又分为粗炻器和细炻器两种，

常用作陶坛、陶缸等。

4.瓷器

瓷器的原料主要是颜色纯白的瓷土，是质地最好的容器。它组织致密、色白、表面光滑，坯体完全烧结，完全玻璃化，吸水率极低，对液体和气体的阻隔性好，主要用作瓷瓶。

五、按造型进行分类

1.缸器

缸器是一类大型容器，它上大下小，内外施釉，可用于包装皮蛋、盐蛋等。

2.坛类

坛类容器容量也较大，有的坛一侧或两侧有耳环，以便于搬运，其外围多套柳条筐、荆条筐等，以起缓冲作用。常用来包装硫酸、酱油、咸菜等。

3.罐类

罐类的容量较坛类小，有平口与小口之分，内外施釉，常用于包装腐乳、咸菜等。

4.瓶类

瓶类是陶瓷容器中用量较大的包装容器，其造型独特，古朴典雅，图案精美，釉彩鲜明，主要用于高级名酒包装。

六、特种陶瓷

1.金属陶瓷

金属陶瓷是指在陶瓷原料中加入金属微粒，如镁、镍、铬、钛等，使制出的陶瓷兼有金属的韧而不脆的和陶瓷的耐高温、硬度大、耐腐蚀、耐氧化性等特点。

2.泡沫陶瓷

泡沫陶瓷质轻而多孔，其孔隙是通过加入发泡剂而形成的，具有机械强度高、绝缘性好、耐高温的性能。

七、陶瓷包装设计理念

1.陶瓷包装设计基本要求

设计销售包装的陶瓷容器必须满足如下要求。

（1）陶瓷容器应与被包装的商品身价相适应，它应是包装容器，而不是纯工艺品。因此，低档商品采用陶器，而高档商品则用瓷器，并注意装饰和装潢设计。

（2）造型具有陈列价值，且便于集装运输。为此，要避免与已有的商品包装重复，并注意节省空间和具有良好的强度与刚度。

（3）密封可靠，便于加工生产和包装作业。

（4）商标与装潢应与陶瓷容器的风格一致。

（5）便于运输和大量生产，包装成本低。

2.其他注意问题

（1）被包装的商品，在容器破损后不致造成公害，也不会产生任何危险。

（2）恰当选择密封盖。一般广口的陶瓷罐多用陶瓷盖。包装酒类的瓷瓶可用软木塞密封，再以树脂涂料密封口部。近年来陶瓷瓶盖又采用塑料螺旋盖，因此陶瓷容器口上必须成型出圆形螺纹。此时密封除用软木塞外，可在塑料盖内加塑料或软木制成的密封垫。

（3）陶瓷容器的厚度可与生产厂商定，通过或测量现有实物来确定。一般在设计时不进行强度计算。

（4）按照商品的质量或容量，计算出包装容器的实际质量或容量。容器的实际容积是商品容积、塞子或盖子占据的容积以及商品与密封件之间的空气空间的容积三者的总和。

（5）造型设计可用1∶1的比例绘制草图、容器轮廓线内的容积必须等于上述的实际容积。可在坐标纸上绘图量取。沿着容器轮廓外侧绘出容器的厚度，再根据陶瓷的密度估算出容器质量。

第七节　复合材料包装

广义上来说，复合材料包括一切双组分的结构体，是以聚合物为基体复合材料至少含有一种高分子树脂和另一种填充剂。

复合包装材料是由层合、挤出贴面、共挤塑等技术将几种不同性能的基材结合在一起形成的一个多层结构，以满足产品运输、储存、销售等对包装功能的要求有某些产品的特殊要求。

一、基材

复合材料的基材包括纸张、玻璃纸、铝箔、双轴取向聚丙烯、双向拉伸聚酯、尼龙与取向尼龙、共挤塑材料、蒸镀金属膜。

1. 纸张

（1）性能：价格低、种类全、便于印刷黏合。

（2）用途：用蜡或PVDC涂布的加工纸盒防潮纸广泛地用于糖果、快餐、小吃和脱水食品的包装。用PE贴面的纸复合材料在包装盒其他领域有广泛应用。

（3）现代包装技术：真空包装、气体置换包装、封入脱氧剂包装、干燥食品包装、无菌充填包装、蒸煮包装、液体热充填包装。

2. 玻璃纸

（1）性能：未涂布，易吸潮变软、变形。

（2）用途：用于立式成型、充填、封合的糖果包装。

如果上述结构中的黏合剂使用PE，则它能形成高强度的气密性封合，广泛用于充气包装干粉产品、葵花子、药片等产品。用乙烯共聚物代替PE，可降低热封合温度。层合时使用白色的PE薄膜，可使之不透明。

普通玻璃纸有70%、防潮玻璃纸有65%用于食品包装，8%的普通玻璃纸、5%的防潮玻璃纸用于制作服饰等纤维制品的包装袋、纸盒开窗或包膜，另外还用于制作扭结包装以及同铝箔、聚乙烯、纸等复合制作复合薄膜。

3. 铝箔及蒸镀铝材料

（1）性能：具有闪光表面和良好的印刷性能；

能较好地保持食品的风味，对光、空气、水及其他多数气体和液体具有不渗透性；可高温杀菌，使产品不受氧气、日光和细菌的侵害。

（2）用途：厚度 6.4 ~ 150 μm 的铝箔用于层合软包装，此时必须退火到"极软"级。

PET/铝箔/PP 三层复合材料可制成可蒸煮包装。用蒸煮铝代替铝箔可减少铝材消耗。它附着力好，耐折性和韧性优良，部分透明，但必须有另外的基材支撑材料。厚度 >0.03 μm。适合真空镀铝的基材有玻璃纸、PE、PET、拉伸 PP、PE、PA 等。

4．双向拉伸热定型聚丙烯（BOPP）

（1）性能：可以像玻璃纸一样被涂布，又可以与其他树脂共挤塑，生产出具有热封合性的复合结构。

（2）用途：未涂布的 BOPP 一般用作复合材料外层印刷组分，其背面印刷可以提供光泽的外表面，并保护油墨不被擦掉。用 PVDC 涂布 BOPP 能提供良好的阻隔功能并具有热封合性。

5．双轴取向热定型聚酯（BOPET）

（1）性能：有极好的尺寸稳定性、耐热性及良好的印刷适应性。

（2）用途：PET—PVDC—印刷/PE（或离子键聚合物）用作加工肉食品包装。未涂布 PVDC 时用来包装蒸煮食品。含有铝箔或蒸镀铝的聚酯复合结构具有优秀的阻隔性和耐热性，但加工成本较高。未涂布聚酯薄膜：PET/压敏黏合剂铝箔——热封合涂料，在儿童安全药品包装中起特殊作用。

乙酯共聚物/尼龙/聚乙烯（或乙酯共聚物）的复合结构常作为衬袋箱的衬袋材料。

6．尼龙与取向尼龙

（1）性能：潮气阻隔性不好，但阻氧性能较好。取向尼龙能提高抗拉强度和氧气阻隔性、减小延伸性和降低热成型性，还具极好的抗戳穿强度。

（2）用途：将尼龙与具有阻隔潮气和热封合功能的材料复合（PE、PVDC），用作鲜肉及块状干酪的包装。

7．共挤塑包装材料（主要是 PE、PP）

（1）性能：成本低、适应性广、易加工。

（2）LDPE、LLDPE：优良的韧性和热封性。

（3）HDPE：隔湿性及加工性。

（4）PP：取向拉伸可得到高冲击、高劲度性能。

（5）乙烯—醋酸乙烯、乙烯丙烯酸、乙烯甲基丙烯酸等共聚物：低温热封性，常用作共挤结构的黏结层合热封合层材料。

（6）乙烯—乙烯醇：阻隔性聚合物，在软包装盒半硬包装中得到应用。

二、复合包装材料制造技术

1．层合

湿法黏结层合是将任何液体状黏合剂加到基材上，然后立即与第二层材料复合在一起，从而制得层合材料的工艺。

水基黏合剂：基材至少有一种是吸水性的。

溶剂型黏合剂：基材至少有一种是渗透性的。

2．干法黏结层合

干法复合中，在涂布黏合剂于基材上之后，必须先蒸发掉溶剂，然后再将这一基材在一对加热的压辊间与第二层基材复合。

3．热熔或压力层合

利用热熔黏合剂将两种或多种基材在加压下形成多层复合材料的方法叫热熔或压力层合。

热熔黏合剂（热熔胶）：以热塑性聚合物为主的 100% 固体含量的黏合剂。

三、挤出贴面层合技术

这是一种把挤出机挤出的熔融的热性塑料贴合到一个移动的基材上去的工艺方法。

基材：提供多层结构的机械强度。

聚合物：提供对气体、水蒸气或油脂的阻隔性。

四、共挤塑层合技术

通过一个模头同时挤出形成有明显界面层的多层薄膜共挤塑层合技术：平挤薄膜共挤塑、吹塑薄膜共挤塑、共挤塑贴面、共挤塑层合、平挤片材共挤塑。

第八节　木材及木质复合包装材料

木制包装指以木材制品和人造木材板材（如胶合板、纤维板）制成的包装的统称。

木质容器主要有木箱、木桶、木匣、木夹板、纤维板箱、胶合板箱以及木制托盘等。

木制包装一般用于大型的或较笨重的机械、五金交电、自行车，以及怕压、怕摔的仪器、仪表等商品的外包装（图5-21）。

一、包装木材的分类

1. 天然木材

针叶木材：红松、落叶松、白松、马尾松等

阔叶木材：杨木、桦木等。

2. 人造木材

胶合板：三夹板、五夹板等。

二、胶合板

由原木旋切成薄木片，经选切、干燥、涂胶后，按木材纹理纵横交错重叠，通过热压机加压而成，层数均是奇数，有三层、五层、七层乃至更多的层次。

胶合板各层按木纹方向相互垂直，使各层的收缩与强度可相互弥补，避免了木材的顺纹和横纹方

图5-21　木箱

向的差异影响，使胶合板不会发生翘曲与开裂等变化。包装轻工、化工类商品的胶合板多用酚醛树脂作黏合剂，具有耐久性、耐热和抗菌等性能。包装食品的胶合板多用谷胶和血胶作黏合剂，具有无臭、无味等特性。

纤维板板面宽平，不易腐朽虫蛀，有一定的抗压、抗弯曲强度和耐水性能，但抗冲击强度不如模板与胶合板，适宜于做包装木箱挡板和纤维板桶等。纤维板有硬质与软质两种，包装纤维板为硬质纤维板，分一等、二等、三等，软质纤维板结构疏松，具有保温、隔热、吸音等性能，一般作包装防震衬板等用。纤维板的原料有木质和非木质之分，前者是指木材加工后的下脚料与森林采伐剩余物，后者是指蔗渣、竹、稻草、麦秆等。这些原料经过质浆、

成型、热压等工序制成的人造板，叫纤维板。

三、木材包装的优缺点

木材包装的优缺点如下。

1．优点

木材包装的优点是质轻，强度高，有一定的弹性，能承受冲击和振动作用，容易加工，具有很高的耐久性且价格低廉。

2．缺点

木材包装的缺点是各向异性，易受环境温度、湿度的影响而变形、开裂、翘曲和降低强度，易于腐朽、易燃、易被白蚁蛀蚀等。

木质的缺点，经过适当的处理可以消除或减轻。

第九节　纤维材料包装

一、纤维材料

天然纤维或合成纤维可以制成纤维纸或各种纺织品直接用做绝缘材料；或用纸浸以液体介质后成为浸渍纸用作电容器介质和电缆绝缘；或浸（涂）以绝缘树脂（胶）后经热压，卷制成绝缘层压制品、卷制品作绝缘材料；或用绝缘漆浸渍制成绝缘漆布（带）、漆绸等用于电绝缘。天然无机纤维可以单独使用，也可以同植物纤维或合成纤维结合使用，

作为耐高温绝缘。纤维材料还广泛用作超导和低温绕组线的绝缘材料，因它具有如下优点。

（1）在超导磁体线圈中，能使冷却剂浸透所有的截面，增加传热面积。

（2）保证浸渍漆或包封胶直接与超导纤维及复合层接触。原则上，天然丝、玻璃纤维和合成纤维都可作为低温用丝包绝缘材料。但实际上，在超导磁体线圈中广泛使用的是聚己内酰胺和聚酯纤维等合成纤维。

二、天然纤维

天然纤维包括植物纤维和动物纤维。植物纤维包括棉、麻和木纤维等，其主要成分是纤维素，分子量较大，分子中含有 OH 基。纤维素常形成细管状的微纤维，由此构成空心管状的植物纤维，直径约 0.02 ～ 0.07 毫米，具有多孔结构。由于存在 OH 基和多孔性，其吸湿性很大，浸渍性很好。吸湿后机械强度显著降低，浸渍后介电性能大为提高。植物纤维的耐热性较差。动物纤维通常使用的有蚕丝，其组成为蛋白质，但其形态与植物纤维大不相同，是一类光滑的长丝，其耐热性也较差。

三、合成纤维

合成纤维用具有高分子量的聚合物加于有机溶剂中（有时还加助溶剂）制成纺丝液后再用干法或湿法纺丝工艺制成。重要的合成纤维有聚酯纤维和聚芳酰胺纤维。由于所用聚合物不同，各种合成纤维的性能大不相同。例如用聚芳酰胺制得的纤维的耐热性很高：在 180℃ 热空气中经过 10000 小时后纤维强度仍能保持在原始值的 80% 以上；在 400℃以上才有明显分解。它具有较高的化学稳定性、良好的耐碱性、水解稳定性、耐辐射性、自熄性（即在直接火焰中可燃，火焰移去后即迅速自熄）。

在电工中，合成纤维和天然纤维使用时都要浸渍处理或脱脂加工处理，以减少吸潮性，提高耐热性和工作温度，增加柔软性、弹性，提高介电性能

和机械强度。用绝缘漆和胶浸渍的天然或合成纤维材料有不同的耐热等级。由天然有机纤维材料浸有机材料构成的，属于 A ～ E 级绝缘材料；由耐热性高的合成有机纤维浸以有机硅、二苯醚、聚酰亚胺等材料的，可达 F、H 和更高耐热等级。

四、无机纤维

无机纤维有石棉、玻璃纤维。常用来做电绝缘的石棉是温石棉，主要化学成分为含结晶水的正硅酸镁盐（$3MgO \cdot 2SiO_2 \cdot 2H_2O$）。当温度高达 450 ～ 700℃时，温石棉将失去化合水而变成粉状物。电工中用的石棉纤维有长纤维（由手工加工而成）和短纤维（由机选而得）之分，它们的共同特点是有很高的耐热性，但是介电性能较差，一般用作耐高温的低压电机、电器绝缘、密封和衬垫材料。

除此以外，纺织品、皮革、麻草等也常常用作包装材料。另外，在包装设计中还可以把不同特性的材料结合起来应用，以使主次材料相得益彰。现在，新型环保材料的出现，也使得包装的材料越来越丰富。不同的材料材质、性能，决定了它们要采用不同的制作工艺，从而使其产生不同的质地效果，以实现包装的不同形态和特征，形成产品的不同特点，带给人们不同的视觉感受。因此，设计师在进行包装设计方案策划时，应考虑到不同产品的特点，避开材料与制作工艺的制约，选择合适的材料并充分发挥其特性与长处。

第十节 包装材料的选用原则

一、对等性原则

在选择包装材料时，首先区分被包装物的品性，即把它们分为高、中、低三档。对于高档产品，如仪器、仪表等，本身价格较高，为确保安全流通，应选用性能优良的包装材料。对于出口商品包装、化妆品包装，虽不是高档商品，但为了满足消费者的心理要求，往往也需要采用高档包装材料。对于中档产品，除考虑美观外，还要考虑经济性，其包装材料应与之对等。而低档产品，一般是指人们消费量最大的一类，则应实惠，尽量降低包装材料费和包装作业费，方便开箱作业，以经济性为第一考虑原则，可选用低档包装规格和包装材料。

二、适应性原则

包装材料是用来包装产品的，产品必须通过流通才能到达消费者手中，而各种产品的流通条件各不相同，包装材料的选用应与流通条件相适应。流通条件包括气候、运输方式、流通对象与流通周期等。气候条件是指包装材料应适应流通区域的温度、湿度、温差等。对于气候条件恶劣的环境，包装材料的选用需加倍注意。运输方式包括人力、汽车、火车、船舶、飞机等，它们对包装材料的性能要求不尽相同，如温湿条件、震动大小条件大不相同。因此，包装材料必须适应各种运输方式的要求。流通对象是指包装产品的接受者，由于国家、地区、民族的不同，对包装材料的规格、色彩、图案等均有不同要求，必须使之相适应。流通周期是指商品到达消费者手中的预定期限，有些商品，如食品的保质期很短，有的可以较长，如日用品、服装等，其包装材料都要满足相应要求。

三、协调性原则

包装材料应与该包装所承担的功能相协调。产品的包装一般分单件包装、中包装和外包装，它们对产品在流通中的作用各不相同。

四、美学性原则

在当今国际市场激烈竞争的情况下，商品包装的形状、图案、材料、色彩以及广告，都直接影响商品的销售。产品的包装是否符合美学，在很大程度上决定一个产品的命运。从包装材料的选用来说，主要是考虑材料的颜色、透明度、挺度、种类等。颜色不同，效果大不一样。当然所用颜色还要符合销售对象的传统习惯。材料透明度好，使人一目了然，心情舒畅；挺度好，给人以美观大方之感，陈列效果好。材料种类不同，其美感差异甚大，如用玻璃纸和蜡纸包装糖果，其效果就大不一样。

第六章　包装设计流程

6

第一节　包装设计概念

文化是一种社会现象，是人们长期创造形成的产物。在市场经济社会中，商品生产者都是受其自身的经济利益驱动的，他们最为关心的是手中的产品怎样才能打开市场，适销对路，为广大消费者所接受。所以出现了以企业的目标顾客及其需要为中心，以集中企业的一切资源和力量，适当安排市场营销组合为手段，从而达到满足目标顾客的需要，扩大销售，取得利润并最终实现企业目标成为

现代市场营销的核心内容。由此可见，在当今市场经济的环境中，企业所进行的一切生产经营活动，都要围绕消费者的需要这个中心来进行。商品的包装活动同样也应满足消费者对于包装的需要，或者说，商品的包装应对商品的销售起到有益的促进作用，实现商品的销售才是商品包装的根本目的。图6-1～图6-4是某有机奶品的系列包装。

现今包装已成为消费者购买商品时的重要抉择

图 6-1　奶品系列包装

图 6-2　散装

图 6-3　纯牛奶箱装

图6-4　纯牛奶高端产品箱装

依据之一。包装设计的本质是隶属于商业文化，因此出现什么样的商业模式，与之相适合的包装形式也就会应运而生。随着现在超级市场成为主要的零售方式，在激烈的市场竞争中，包装设计的地位被摆在非常重要的位置，担负着与竞争对手比吸引力、比说服力、比形象力的使命。

而如何在琳琅满目的超级市场中突出自己的产品，已经成为现在包装设计的目标。

一、包装本身具有销售力

世界上最大的化学公司——杜邦公司的营销人员经过周密的市场调查后发现，63%的消费者是根据商品的包装和外观设计为依据进行购买决策的。到超级市场购物的家庭主妇，由于精美包装的吸引所购物品通常超过她们出门时打算购买数量的45%，这就是著名的"杜邦定律"。可以看出，包装是商品的脸面和衣着，给人的第一印象决定了消费者消费的最终决策。

在现代超级自选商场中，商品大都按照类别分类被摆在货架上供人自行挑选，产品琳琅满目而且同类产品都被摆放在一个区域中。这时候让产品在众多同类产品中突出来让消费者"一见钟情"就是

尤为重要的。特别是在没有推销人员的情况下，完全要靠包装本身的形象与消费者沟通。越是优秀的包装设计，其销售力也就越强，因此，也有一种说法形象地称商品包装为"无声的推销员"（图6-5、图6-6）。包装的形象也同时体现出了商品的品牌形象和企业形象。对于第一次使用产品的消费者来说，一个好的包装可以很大程度地美化产品，决定产品的消费档次。这种形象是一种无形资产，其价值也会直接体现于企业的效益上。商品包装就是一种以色彩、形态、文字与品牌标识一起构筑起来的

图6-5　包装

图6-6　零售散装

企业形象和无形资产。而一个产品自己特有的包装和标志更会使消费者对一个品牌有信赖感和信誉感。图 6-7 图片中的 Pocky 巧克力棒的图案和品牌的字体已经成为了一个企业的形象和宣传力。

二、包装设计与消费行为

通常来说，消费行为的产生是一个复杂的心理过程，一般要经过注意、兴趣、联想、欲望、比较、信心、决心、行为环节。

决定一个商品被购买的因素中，有广告、品牌、口碑等众多因素，而在零售方式中，消费者的购买信心很大程度上是通过比较来完成的，这也是现代商业竞争残酷的一面，也是最为直观的一面。在超市的货架上，同类商品通常同架码放，以便于消费者购买时比较。这时，包装的设计、形态、文字说服力就构成了导致购买行为的关键。

因此，包装设计的重点也就在于如何能在瞬间引起消费者的注意力，给消费者传递一种信心和品质感，进而在顾客关注商品时以最有效的形象力和最简洁的文字说明，准确概要地传达出商品的信息，让消费者建立信心，以促成实际的购买行为。图 6-8 ～图 6-10 是不同外包装颜色的香水，其中每个颜色代表着不同的魅力。

那么，什么样的包装更具有销售力呢?

看看今天的市场上，各种销售手段，无奇不有。很多产品的附加服务提升了产品魅力，比如说做出一个系列的礼品供有"收藏爱好"的人。

以奇妙的创意来增加包装本身的趣味性或结合产品来表现出趣味。图 6-11 ～图 6-14 中的茶包在杯子里像大浴桶的人使用的时候似乎变成在浴桶

图 6-7　Pocky

图 6-8　Dior

图 6-9　Lily Valley

图 6-10 Daisy Dream

此，有什么样的市场需求，就会产生什么样的产品；有什么样的消费行为，就会出现相应的包装形态与之相适应。图6-15～图6-19是塑料包装的蛋糕袋、塑料瓶和玻璃瓶。

图 6-12 洗浴茶包

里泡澡的人，喜字茶包符合婚礼庆典活动的特点，无形中增加了趣味性和实用性。

所以，自新产品诞生时起，从包装设计、宣传策略、销售策划等每一个环节，都与销售结果息息相关。

消费者的消费行为随着时代的发展也在不断地产生着变化，对包装设计也提出了许多新的要求。比如方便食品和微波食品的出现，在保证食品口味的前提下节省了人们下厨房的时间；各种口味的茶饮料流行起来，使人们随时随地可以享用茶饮料的美味；塑料袋简装包装的产品降低了顾客的购买成本，因而不必每次都要为价格不菲的包装付费。因

图 6-11 茶包

图 6-13 清新茶包装

图6-14　喜字茶包

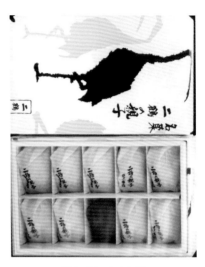

图6-15　点心包装

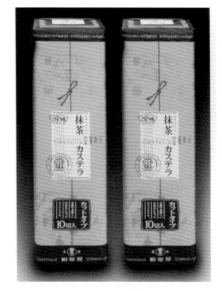

图6-16　塑料简装

图6-17　塑料瓶装水

图5-18　玻璃装

图6-19　玻璃装香水

第二节　包装设计策划

一、与委托人沟通

与委托人沟通无疑是包装设计过程中应最先去做的事情和最基本的事情。如果沟通不良只能让最后的设计非常吃力，也使中间修改的时间变得漫长而又达不到最好的效果。沟通的内容需要至少了解到以下几点。

（1）有关公司和该品牌的背景信息。

（2）产品的信息以及所涉及的市场范围。

（3）了解到市场上哪些同类的产品与之竞争。

（4）产品的目标市场人群。

（5）预算和成本问题。

（6）生产中的各项问题及限制因素。

（7）相关的管理规定。

（8）各种环保政策。

以上几点，都应该是在市场调研和设计构思前所要基本了解的。这样的沟通有助于找到应该面向的方向从而节省了很多时间。同样，这些也将使我们的设计更加的人性化，适合本产品市场而促进销售。

二、了解产品本身特性

做到"知己"，才能心中有数。按照产品的特性所设计出的符合产品的特有包装，既美观又能发挥出包装的最大功能。而运输中也能依照产品的特性，设计出最便利与安全的包装。

而对于包装的外观设计，就是商品的外在形象，包装设计的风格应取决于商品的性格特征，古朴与时尚、柔和与强烈、奔放与典雅都是商品的性格特征，这些特征应该在包装设计中用视觉语言准确地传达给消费者，也就是说包装设计的艺术表现个性应建立在商品内容特征的基础上，以体现出目的性与功能性。图6-20、图6-21是依照产品的特性来制作适合不同种类产品的适合运输的包装设计，具有美观性。

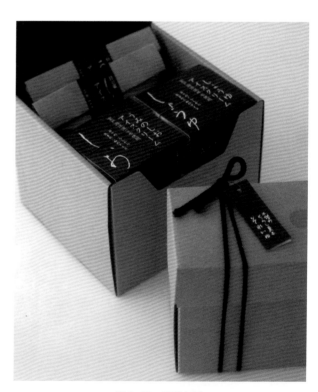

图 6-20　便携包装

图 6-21　开口即可饮用

三、了解产品使用者的心理特征

包装的促销作用和存在所针对的对象是消费者，因此，包装设计就要依据消费者的审美、喜好、消费习惯来进行定位设计。作为包装设计人员，不了解消费者的消费心理，闭门造车，工作就会陷于盲目，从而影响到产品的销售。

图 6-22　香水

通过委托人提供的资料和市场调研，我们可以对消费人群的购物类型、生活习惯、审美情趣和个人态度有一定的认识，从而有针对性地对消费人群进行设计。图 6-22 就是男性和女性用的一系列香水，设计风格针对性强。图 6-23 是日本的快餐设计，采用盒装设计。

消费者的购买行为，往往会受到生活方式、社会环境、风俗习惯以及个人喜好的影响，而且购买行为的产生和实施也是一个复杂的心理活动过程。每一位消费者的年龄、性别、职业、收入、文化水平、民族、信仰、性格等各方面都是不同的，所以消费心理活动也是各种各样的。要抓住这些消费者的心理才能做出针对于消费者的优秀的包装设计。

在开始包装设计之前需要了解消费者的心理特征。以下是几种常见的消费心理特征。

1. 讲求实惠的心理

这是广大老百姓、工薪阶层和具有成熟消费心态顾客的一种普遍心理特征。这部分消费者追求商品的实际使用价值，喜欢物美价廉的产品，擅长于商品的比较，具有一定的商品鉴别知识，对五花八门的商品宣传具有一定的判断力。

2. 追求审美的心理

当消费者面对一种新的商品或对所要购买的商

图 6-23　日本快餐

品缺乏了解时，就会把商品包装的设计美感、色彩、图形、包装的形态美感等方面因素作为选择的依据之一。像知识阶层、文化素养较高的人士，就较青睐于具有雅致、精细美感特征包装的商品。这种特点在装饰品、文化用品、化妆品、服装服饰、日用品等类别商品中反映得尤为突出。

3.追求流行时尚的心理

这是年轻消费者、白领阶层中普遍存在的消费心理特征。这种时尚心理反应在生活方式、饮食、服饰文化、休闲娱乐、人际交往等各个领域。时尚文化对于年轻人的消费起着巨大的引导作用，其特点是反传统、更新快、寿命短。这就要求包装设计人员应该对时尚和流行文化有充分的了解，并具备一定的预见性，才能设计出具有时尚感的包装作品。

4.追求名牌的心理

其产生的原因一方面是由于名牌产品的品牌效应所导致的消费者对产品质量、声誉的信赖感，另一方面重要原因是消费者对自我价值肯定的期望。在名牌商品的价格构成中，成本并不占有很高的比重，而包括设计在内的品牌形象无形资产则占有相当大的比例，而正是这一部分成为消费者借助其体现自我价值、品位、实力的手段。名牌商品的包装设计也主要是以突出凝聚着巨大无形资产的品牌形象为主。

5.从众的心理

当一种商品有许多消费者购买时，就会引起其他消费者的关注，他们会认为这种商品一定具有物超所值之处，这种想法很容易导致消费者的从众购买行为。

6.喜新厌旧的心理

这个词听起来与传统道德背道而驰，但这是人类共同的本性之一。这种心理的产生一方面是因为随着时间的推移使消费者对产品形象新鲜感的淡化造成的，另一方面是受流行文化不断更新的原因。此外消费者的消费水平不断成熟，审美意识的不断提升也是不可忽视的原因。美国曾经有超级市场作过如下调查：把同样品质的化妆品一部分贴上"NEW"标记并将其放置于原包装产品的旁边，以调查对销售的影响，结果发现贴有"NEW"标记的产品是原包装产品销售额的16倍。他们针对这种现象设计了调查问卷来调查消费者的选择原因，其结果是，认为有"NEW"标记产品是改良品的消费者占68%；认为是新产品的占14%；有其他想法的占18%。这个调查证实了消费者对新产品偏好的消费心理特征。

所以了解消费者的心理，知道产品针对的受众，就能有目的、有计划、有针对地设计出符合使用对象审美的功能性包装来。

四、了解产品的销售方式

去了解产品的销售方式，对设计有前提性的作用。如图6-24的产品的包装形式非常适合运输，

图6-24 携带

而包装的袋子不仅是装饰，也适合顾客购买时携带的便利。能决定包装的功能侧重点在哪里（保护性、装卸性、便利性、标志性、经济性、环保性），同时也应该考虑到这种包装的弊端和制约条件。现在的包装也因为各种各样的运输形式而设计出适合于各种运输形式的包装形式。而为了让商品的销售变得更有竞争力，现在的包装也设计出让消费者使用携带方便的特殊包装形式。从而减少产品的运输成本，增加竞争力。而图6-25和图6-26是大家都知道的球类，球体不好运输，而这种包装盒就会固定球类不让它乱动，方便运输，而打开又是一个展架，方便展示。

五、了解产品的相关经费

在设计之初向委托人了解到他们的预算。预算

有不同的方式，设计公司可针对设计的每一个阶段确定费用，包括照片式或插画式的原创图像的制作、印刷成本以及其他成本。或者以小时或天数为单位计算费用，也可以就整个设计项目确定一笔固定数目的费用，设计师在委托人的报价内进行设计。接下来，委托人会对设计提案进行审阅，并评估该提案对项目工作范围的体现程度、对一种互利式工作关系的展示情况，以及其中列明的费用和各项条款。一旦项目正式启动，那么委托人对该提案所做的任何改动，如要求额外进行某些工作或者市场目标发生了某些变化，则将作为要求支付额外费用的正当理由。

六、进行市场调研

设计师在从委托人那里了解产品后应该进行市

图6-25　单独球类包装

图6-26　立体球类包装

场调研，全面且目的明确地了解此类产品在市场实际中到底如何。

我们应该了解此类产品在市场上有多少种，它们的销售情况怎么样，它们各自的包装装潢是怎样的？包装有何特点，此类产品的购买能力如何等。要具体调查，掌握较完整的数据。这些数据直观、客观且非常实用。在充分了解这些情况之后，要和委托厂家一起研究本包装产品的销售策略。从而对包装材料、工艺以及包装的形象、色彩做初步的研究与探讨，看看委托厂家的具体想法，以供设计时参考。

前期策划的主要实施部门是企业的市场及新产品开发部门或受企业委托的策划公司。这一阶段是包装策划的初始阶段，主要工作任务是根据产品开发战略及市场情况，制订新产品开发动机与市场切入点，确定目标消费群体，并根据销售对象的年龄层、职业层、性别等因素来制订产品开发的特点、销售方式与包装形象设计的突出点，还要结合产品定位和竞争对手的情况制定产品的特性、卖点、成本以及售价等。对于包装设计环节来说，设计策划阶段的工作做得越详细、具体、准确，就越能提高包装设计工作的效率。

（1）产品市场需求的了解。

（2）包装市场现状的了解。

（3）拟定包装设计计划，讨论初步的构思蓝图，并测定设计效果。

第三节　设计的前期定位

一、品牌定位

品牌定位就是要让消费者一看就知道产品是什么品牌、企业。一旦成为知名品牌就会带来无形资产和形象力，也会带动此品牌其他产品的销售能力。顾客会购买熟悉的或者是知名的产品。这形象力给消费者品质的保障和消费的信心，给予信赖的感觉。

1. 色彩

通过产品"形象色"的设计，给消费者强烈的视觉印象。看到颜色就知道品牌的例子还真不少，比如看到可乐的包装就知道红色的是可口可乐、蓝色的是百事可乐（图6-27），看到咖啡红色的包装是雀巢，蓝色的是麦斯威尔等。

2. 图形

品牌的图形包括宣传形象、卡通造型、辅助图形等，在包装设计中以发挥图形的表现力为主，使

图6-27　可口可乐

消费者在潜意识里联系图像与产品，利于产品的形象宣传。比如说阿迪达斯的辅助图形"三道杠"（图6-28），既作为图形装饰使用，又是标志的延展。图6-29的品客薯片的胡子头像也成为众所周知的宣传形象。

图6-28 adidas

图6-30 Pocky 字体

图6-29 品客薯片

3.字体

品牌的字体形由于其可读性、标识性和个性成为突出品牌形象的主要表现手法之一。例如，麦当劳"M"，简洁美观实用性记忆性强。图6-30是Pocky为人熟知的字体。

二、产品定位

包装设计的定位是根据产品的特点、营销策划目标及市场等情况所制订的设计表现上的战略规划，以传达给消费者一个明确的销售概念。通常设计策划部门整合出详细的营销策划后，设计实施部门对其进行理解分析，策划出视觉表现上的切入点，并尽量从不同的视角来进行创意表现，最终从中选择出最佳的设计方案。

在消费日趋个性化，营销手段多样化的现代，包装设计从以往的保护商品、美化、促销等基本功能演变为更加侧重设计表现的个性化、多视角的时代特征。现代包装设计的定位通常是通过品牌、产品和消费者这三个基本因素而体现出来的，通俗地讲就是：我是谁？卖什么？卖给谁？

在包装设计中明确地告诉消费者产品的基本信息，使消费者迅速地通过包装对产品的特点、用途、功效、档次等有直观的了解。

1.产品内容定位

产品内容定位就是把产品的内容直观地表现在包装上，让消费者第一印象就能知道产品到底是什么，做什么用的。或者设计成与产品有直接关系的某种物体，直观而有冲击力。图6-31～图6-33都将产品的内容直观地表现出来。

2.产品特色定位

产品特色定位是把与同类产品相比较而得出的

图 6-31　牛奶包装

图 6-32　香蕉牛奶包装

图 6-33　杂粮包装

个性作为设计的一个突出点，它对目标消费群体具有直接有效的吸引力。有些食物上会标明"无糖"，这对于糖尿病患者和正在减肥的人就会促使这部分消费者产生购买动机。图 6-34 将产品的零脂肪特点表达出来。

图 6-34　无脂肪酸奶

3. 产品功能定位

产品功能定位是将产品的功效和作用展示给消费者以吸引目标消费群，药品的包装设计中用简易的图形表示出药物的特点，简洁而直观（图 6-35、图 6-36）。

图 6-35　小儿药

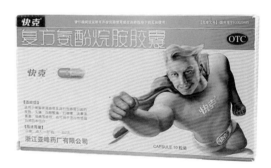

图 6-36　快克

4. 产品产地定位

某些产品的原材料由于产地的不同而产生了品质上的差异，因而突出产地就成了一种品质的保证。比如葡萄酒的瓶签上面就经常用原产地的风景来作为装饰，代表了一个产地的品质保障（图 6-37）。

5. 产品传统定位

在包装上突出对传统文化及民族特色文化的表现，对于传统产品、地方传统特色产品和旅游工艺品等具有非常贴切的表现力。图 6-38 是极具日本传统风格的包装图案。

6. 产品纪念定位

在包装上结合大型庆典、节日、文体活动等带

图 6-37 红酒

图 6-39 Font Vella

图 6-38 日本风格设计

有纪念性的设计，以争取特定的消费者；或者是限量版、纪念版等做的特殊的产品。图 6-39 是 Font Vella 2009 年限量版瓶子。

7.产品档次定位

根据产品营销策划的不同以及用途上的区别，将同一产品区分不同的档次来有针对性地吸引目标消费者。比如针对普通消费者的日用品包装设计与礼品包装设计就有着明显的档次区别。

三、消费者定位

在包装设计中一定要清楚产品是"卖给谁"，充分了解目标消费群的喜好和消费特点，包装设计才能体现出针对性和销售力。

1.消费者定位——地域

根据地域的不同，如城市与乡镇，内地与少数民族地区，不同的国家和种族，结合不同地域的风俗习惯、民族特点、喜好，进行针对性设计（图 6-40）。

2.产品定位——生活方式

具有不同文化背景的人们以及不同年龄层或职业的消费者都有不同的生活方式，这直接导致了消费观念的不同，比如审美标准的差别、对待时尚文化的态度等，在包装设计中都应予以足够的重视和体现。例如某种商品有礼盒装、精装和散装，就是为了应对不同生活方式的人群（图 6-41）。

3.产品定位——消费者的生理特征

图 6-40　地域设计

图 6-41　精装和散装

消费者具有不同的生理特点，对于产品就有着不同的需求，因此护肤品就有了"干性""中性""油性"之分，香水就有了各种不同的香型。包装设计应该依据目标消费者的生理特点来表现出产品的特性。图 6-42 就是 21drops 精油的包装，对于不同的精油包装有不同的颜色。依据产品和市场的具体情况，对于设计的定位还可以有其他的战略。另外不同的设计定位往往在一件包装设计中会得到综合的体现，但应该注意它们之间的主次关系，特点多了反而消费者会感到茫然无措，感受不到产品的明确特点。

图 6-42　21drops

第四节　包装设计表达

一、包装的造型与结构设计

依据产品和市场的具体情况，包装设计要素要包括包装立体形态设计要素和包装平面设计要素。另外，包装的印刷与加工工艺也是非常重要的设计要素之一。

包装的立体形态是指包装的造型和包装结构样式。在满足包装所必需的基本功能以外，风格独特的包装形态会反映出产品本身的个性形象及企业文化。例如可口可乐的玻璃瓶包装到现在还被封为经典中的经典曲线。

设计师要做好以下几个方面的工作。

（1）建立一份工作时间表，对整个设计过程进行记录。

（2）查阅各类书籍和杂志。

（3）去消费者购买的商店里进行实地考察。

（4）研究下各种潮流趋势。

（5）把所有可以想到的、与这项设计任务相关的所有想法都写下来，进行一些头脑风暴。

（6）和周围的人多讨论，让别人给你意见。

（7）站在消费者的角度考虑问题。

创意构思的形成和发展源于第一阶段进行的各种调查研究。第二阶段的主要目标就是创意，把自己的点子全部写出来，在原有的点子中延伸修改出好的点子，而好的点子是在循序渐进的过程中出现和完善的。而设计师们还要做到从消费者的角度考虑问题。从消费者的切身体会中能够有最真实的对产品包装的要求与体验，包装才是实用的。而集思广益和试验是包装设计领域内用于概念开发的思考工具。集思广益能够拥有"1+1＞2"的点子，而别人的意见也能够更加完善设计师没有关注的方面。设计师不要轻易地删除自己的创意点子清单，因为一个人认为不恰当的设计想法也许在另外一个人看来就是个出色的设计概念。

保存笔记和日志的方法将会有助于记录各种创意点子。将平时的想法和见闻都记录在笔记本上。在脑子空的时候拿出来看看，可以激发许多灵感。

二、创意设计

通常为了保证创意的质量和方案的可选择性，设计单位应根据设计项目的情况组成设计小组，对具体设计项目进行研讨，制订视觉传达表现的重点和包装结构设计的方案，并对产品竞争对手进行研究，做到"知己知彼"。有时甚至会对设计创意的表现做出方向性的工作，这样可以有效地发挥这个组合的创意设计优势，提高设计效率。

在创意设计阶段应尽可能多地提出设计方向和想法，一般以草稿的表现方式就可以，但要求尽量准确地表现出包装结构特征、编排结构和主体形象的造型。在此基础上经过研讨以确定出具有可操作性的创意设计方案并安排实施。

三、色彩的调配与应用

（一）色彩的调配

任何一种色彩都可以同其他色彩或者同黑、白、灰色进行调和，无限可能性的混合色构成了色彩的丰富变化。每一种色彩的性质都具有可变性，而且它的性质也只能通过周围的环境来决定，因为每一种色彩都会受到环境色的影响，色彩的亮与暗、冷与暖，纯度的高与低等性质，都是通过与周围环境色的比较而得来的。

不同的色调会产生不同的色彩视觉特征（图6-43）。包装设计中的配色则主要应从产品本身的特征和包装的功能目的性出发，运用色彩审美规律，传达出产品的性格特征和美感特征。色彩的调配是有一定的规律可循的，不同的色彩效果基本上都是由色彩的色相、明度、纯度这三个要素所决定的。

1.以色相为主进行配色

色相是色彩的相貌名称和主体特征，以色相为主进行配色通常是以色相环为依据进行的，按照色彩之间在色相环上所处于的位置关系可以分成近似

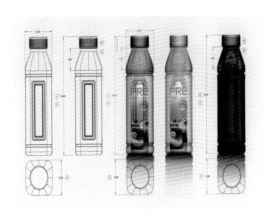

图6-43 瓶装色彩

图6-44 色彩

色、同类色、对比色和补色等关系类型。在色相环上两种颜色之间所成的角度越小，色彩的共性就越大，调和性越强，反之角度越大，色彩的差异性越强，当角度呈现最大时（180°），颜色之间就呈现为补色关系。

近似色的色彩差别小、对比弱，整体色调感很强。同类色虽然色彩之间有较明显的差别，但又具有明确的共同因素，构成的画面明快活泼而又柔和统一。对比色则在色相上有较大的差别，反差强烈，在视觉上有鲜明、热烈、华丽的特征，处理不当很容易产生不协调感。

补色是指在色相轮上通过直径相对的色彩，在印象派的绘画中，补色关系常被用来表现强烈的日光感，它在视觉上有炫目、强烈、刺激的效果。以色相为主进行配色要求根据设计的对象和内容进行合理搭配，利用面积的调整、对比的强弱以及结合明度、纯度的变化来进行设计，做到形式与内容的和谐统一。图6-44是设计师针对同品牌不同产品的不同颜色的设计。

2. 以明度为主进行配色

明度是色彩的明暗深浅层次差别，它的调和关系构成了整体色彩的明暗色调感，也就是我们常说

的高调与低调、明调与暗调。为了便于对色调的把握，我们可以把明度分九个级别，并将其分为三个明度基调，1～3级是低调，具有沉着、厚重、沉闷的感觉；4～6级为中调，具有柔和，稳重，典雅的感觉；7～9级为高调，具有明朗、华丽、欢快的感觉。明度对比的强弱取决于明度级别的跨度大小，一般情况下，弱对比具有内向、朦胧、微妙的感觉；适中的对比具有明确、清晰、开朗的感觉；强对比则强烈，具有刺激、活跃、明确的效果。

对于各种纯色来说，其本身就存在着明度上的差别，如黄色明度最高,蓝色、紫色等明度相对较暗，明度高的纯色在相当低的级别，即加上相当多的黑色才能达到低明度，而明度暗的纯色加上相当多的白色才能显出高明度的特征。因此，在设计中把握色彩的色调时，应根据不同的色相特点灵活掌握。图6-45是设计师对一种产品的同一颜色的不同明度进行的设计。

3. 以纯度为主进行配色

纯度是色彩中的纯色成分的多少，即饱和度、鲜艳度（图6-46）。我们也可以将纯色与同明度的色按等比例混合分成九个纯度等级，1级为灰，9级为纯度最高。纯度也可以分为三个基调，1～3

图6-45 明度设计

图6-46 纯度配色

图6-47 配色

级为低纯度基调，有混浊、茫然、软弱的感觉，4～6级为中纯度基调，有温和、成熟、沉着的感觉；7～9级为高纯度基调，可产生强烈、艳丽、活跃的感觉。

纯度的对比取决于级别差异的大小，弱对比具有模糊、朦胧、整体的视觉效果；中对比具有清晰、稳定、明确的视觉效果；强对比则具有纯度差、强烈、坚定的视觉效果。

在实际色彩应用中，纯度高的色彩间搭配，由于强烈的色彩张力容易使人感到视觉紧张。但与不同纯度的色调搭配调和，产生差异性和节奏感，则会有含蓄、细腻、稳重的视觉效果，而且这种对比也有利于设计中主题的突出与醒目。

4. 配色的调和

在色彩的配色设计中，对比是一种常用的手段，通过对比使色彩的个性得到强调，使设计主题得到突出（图6-47）。但是，色彩之间的调和也是一种必不可少的因素，一味地强调对比会使色彩间失去协调感。

在配色中如果使色相、明度、纯度三个要素中的一项或两项类似或接近的去设计安排，就可以得到调和的效果，就是求取色彩间的共性特征。另外也可以通过在对比的两方中间加入过渡色以取得调和，比如在黑与白中间加入灰调、在冷色与暖色间安排中性色调，以此来弱化尖锐的对比矛盾，使之趋向于柔和，这实际上也是人的视觉心理特征的需要。

（二）色彩的设计应用原则
1. 合理安排"图色"与"底色"

在设计中，画面上有的颜色是以主体图形的状态出现，有的则是以底色或背景色的状态出现的。一般的色彩性质是鲜艳的颜色要比暗色更具有图形效果，齐整的色彩形状和小面积的颜色要比大面积的颜色更具有图形效果。因此，在包装色彩设计时，一般将纯度、明度、色度高的色彩用于品牌文字、图形形象等主体表现要素当中，这样可以有效地突出主题设计和良好的品牌形象表现力（图6-48）。

2．"整体统一、局部活跃"的用色原则

一件包装的形象给消费者的最初视觉感受取决于整体色彩的色调，在这当中，在画面中占据最大面积的颜色的性质决定了整体色彩的特征，依照调和的配色方法，就可以得到不同的色调效果。不过，一味强调整体色调的统一，会使画面缺少生机和活力，运用小面积的与主体色调相对比的色彩，可以使画面活跃，这种对比也可以使设计主题得到加强。活跃的色彩往往被安排用于品牌和主体形象等重要位置，使它们在整体色调统一的基础上得到突出（图6-49）。

3．依据商品的属性

包装的色彩与品内容的属性之间长期自然形成了一种内在的联系，每一类别的商品在消费者的印象中都有着根深蒂固的"概念色""形象色""惯用色"，人们有着凭借包装色彩对品性进行判断的视觉习惯，如橙色使人联想到水果，绿色使人联想到蔬菜，深褐色被用于咖啡的包装设计，甚至被人称为"咖啡色"。它成为了人们判断商品性质的一个信号，因而它对包装的色彩设计有着重要的影响（图6-50）。

4．依据市场地域特征

由于民族、风俗、习惯、宗教、喜好的原因，不同的消费群体对色彩也有着不同的理解。城市与乡村之间有差别，不同民族间有差别，不同的国家和地区之间也有差别。在我国，不同的民族就有着不同的色彩爱好，比如维吾尔族忌用黄色；蒙古族喜爱鲜艳的色彩，不喜欢黑白；满族和佤族等少数民族忌用白色等。不同的国家对色彩也有不同的理解，在美国红色代表愤怒；瑞典人和埃及人不爱用蓝色；英国人不喜欢黄色；在拉美国家，人们把紫

图6-48　化妆品设计

图6-49　局部色彩设计

图6-50　咖啡豆包装设计

色同死亡联系在一起等。由于各国及各民族存在的特殊禁忌，要求在设计包装时不可随心所欲，而应避其所忌，符合当地人们的色彩审美习惯。

四、版面编排设计要素

包装设计的视觉要素是由文字、图形、色彩、材料肌理四个方面组成的，每一项要素都具有自身独立的表现力和形式规律。包装版面编排设计的目的就是要将这些不同的形式要素纳入到整体的秩序当中，形成一种和谐统一的秩序感和表现力，这样才能有效地表现包装的整体个性形象，否则即使有好的色彩或字体形象、图形，它们之间缺乏协调的配合，也会削弱视觉语言的表现力和视觉传达的明确性。

五、包装设计策略

1.系列包装策略

企业对所生产的同类别的系列产品，在包装设计上采用相同或近似的视觉形象设计，以便引导消费者把产品与企业形象联系起来。这样可以提高设计和制作效率，更节省了新产品推广所需的宣传费用，既有利于产品迅速打开销路，又能强化企业形象，如图6-51的香料系列包装。

许多拥有较多产品种类的大型企业为了突出企业形象，提升产品的附加值和识别度，在产品包装设计中以企业的识别形象造型和形象用色为基本元素进行设计，以使不同种类的产品包装具有统一的画面、统一的色彩，从而具备共同的识别性。图6-52所示的包装设计中的色彩设计应配合具体的包装策略来进行设计，以配合和保证营销策略成功实施。

2.等级化包装策略

由于消费者的经济收入、消费习惯、文化程度、审美、年龄等存在差异，对包装的需求心理也有所不同。一般来说，收入高、文化程度较高的消费者，比较注重包装设计的制作精美程度、品位和个性化（图6-53）。而低收入消费层则更偏好经济实惠、简洁便利的包装设计。因此，企业将同一商品针对不同层次的消费者的需求特点制订不同等级的包装

图6-51 香料系列包装

图6-52 统一设计

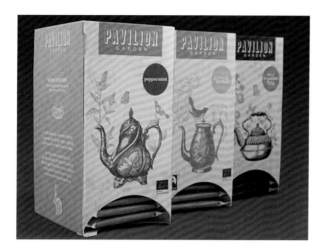

图 6-53　成品

图 6-54　便利性包装

4.配套包装策略

企业将相关联的系列产品配齐成套进行包装销售，有利于消费者方便使用及馈赠，如成套的化妆品、餐具、文具、调味品等。这种包装策略有利于带动多种产品的销售，提高产品的档次（图6-55）。

5.随附赠品的包装策略

通过在包装内随附赠品来激发消费者的购买欲望。赠品的形式多种多样，可以是赠券，也可以是相关产品，例如在洗涤液包装上随附洗涤用具；还可以是与产品内容无关但足以吸引消费者的赠品。在儿童食品中附赠游戏类的玩具和卡通画片已成为一种普遍做法，许多儿童并不是因为食品本身而是由于赠品的吸引而购买产品，证明这种包装策略具有相当的吸引力。

6.更新包装策略

更新包装的目的，一是通过改进包装使销售不佳的产品重新焕发生机，以具备新的形象和卖点；二是通过对旺销产品改进，使产品锦上添花，顺应市场变化，保持销售旺势和不断进步的企业和品牌形象。

策略，以此来争取不同层次的消费群体的认可。

3.便利性包装策略

从消费者使用的角度考虑，在包装设计上采用便于携带、开启、使用、重复利用等便利性结构特征，如提手式包装和拉环、按钮、卷开式、撕开式等便于开启的包装结构等（图6-54），通过突出包装设计的人性化来争取消费者的好感度。

图 6-55　套装

7. 复用包装策略

复用包装是指包装再利用的价值，它根据目的和用途基本上可以分为两大类。一类是从回收再利用的角度来讲，如产品运储周转箱、啤酒瓶、饮料瓶等。复用可以大幅降低包装成本，便于产品周转，有利于减少环境污染。另一类是从消费者角度来讲，产品使用后其包装还可以作为其他用途，以达到变废为宝的目的，而且包装上的企业标识还可以起到继续宣传的效果。图 6-56 ～图 6-58 是一个环保的可循环的包装，包装同时还能当最后的容器。

8. 企业协作的包装策略

企业在开拓新的市场时，由于宣传等原因所需的广告宣传投入费用太大，而且很难立刻提升知名度。这时可以联合当地具有良好信誉和知名度的企业共同推出新产品，在包装设计上则重点突出联手企业的形象，这是一种非常实际有效的策略方法，在商业发达国家中是一种较为普遍的做法。

9. 绿色包装策略

随着消费者环保意识的增强，绿色环保成为社会发展的主题，伴随着绿色产业、绿色消费而出现的主打绿色概念的营销方式成为企业营销的主流之一。因此在包装设计时，选择可重复利用或可再生、易回收处理、对环境无污染的包装材料，容易赢得消费者的

好感与认同，也有利于环境保护和与国际包装技术标准接轨，从而为企业树立良好的环保形象。

图 6-56　环保

图 6-57　可循环

图 6-58　循环利用

第五节　设计方案执行

一、包装设计的程序与操作

　　包装从生产出来直到消费者的手中，是一个科学、严谨、复杂的系统工程，是由产品研发、市场开发、营销策划、市场调研、包装设计、印刷制作、市场评估、市场流通、广告宣传、分销零售、售后服务、包装回收等各个部门环节共同协作的结果。在这个系统工程中，包装设计是其中一个重要的环节，它的成功与否对包装最终的销售结果产生着重要的影响。现代包装系统工程中的每一个环节，都应由相应的专业部门分工完成，各个部门之间的协同合作也是顺利完成整个包装流程的保证。对于包装设计人员来说，除了应具备专业水准的包装设计知识之外，对包装设计之前与之后的各个环节的了解和认识也是极为重要且必需的，这样才能使包装设计很好地配合整个包装运作流程，体现出包装设计的功能性、目的性和市场价值。

图 6-59　草图

图 6-60　成品

二、勾画草图

　　设计第二阶段产生的各种概念会以草图的形式展现出来。 在此阶段，要迅速地在纸上记录下尽可能多的创意想法。在概念开发的阶段，想出的创意点子越多，也就越有可能有一个创意或者几个创意的综合体符合已经确定的设计策略。

1. 设计表现的准备

　　对设计表现会使用到的元素做先行的准备，主要有以下几方面内容。

　　（1）图形部分。对于精细表现的插画则先要求大致效果的表现即可，如图 6-59 是草图，图 6-60 是最后的成品。

　　对于摄影图片则运用类似的图片或效果图先行替代。

　　（2）文字部分。包括品牌字体的设计表现、广告语、功能性说明文字的准备等。

　　（3）包装结构的设计。如纸盒包装应准备出具体的盒型结构图，以便于包装展开设计的实施。除此以外，产品商标、企业标识、相关符号等也应提前准备完成，图6-61是详细的瓶盖与瓶口尺寸的设计图纸。

2. 草图

草图是主要表现产品包装主画面的构图。草图就是在纸上迅速勾画的简图，能够直观看到最初设计理念的效果。草图应在一个按照包装前表面或基本展示区域的形状尺寸成比例缩小的空间内绘制。这样做才能使草图精确地反映出包装设计的外形尺寸。有了草图的帮助，设计师就能在纸上记录很多创意想法了。在此阶段，文字版式和各种平面元素的布局安排应该通过快速绘制草图的方式高效完成。虽然草图中不必精确显示字体和各种平面元素，但也要大致画出所用字体及图像的特征。图6-62是香水包装的设计草图。

通过草图能够直观地看到自己所设计的最后包装最后成品的大概样貌。在此阶段，确定多个设计概念是比较可行的，当然具体数量应视具体设计项目、客户和预算而定。

草图设计的关键在于，时刻谨记有关该产品市场营销的各项目标，且更应始终考虑到目标消费者，在一定的包装材料形式与色彩的制约下。

在勾画草图阶段就要充分考虑信息的层次，如品牌名称与生产商名称的相对位置及口味、花色和产品益处这些信息的位置安排都会对包装设计中的传达要素产生影响。消费者首先阅读什么，其次阅读什么，再次阅读什么都由设计布局决定。包装主画面的布置格局确定了信息阅读的顺序。各种设计元素的尺寸大小、颜色、定位和相互关系都会影响消费者的目光在基本展示区域上的移动方向，进而决定了他们对所提供信息的重要性的理解。在每个包装设计作品中都会存在信息传达的数个层次。

在一个产品系列中，必须慎重考虑各品种在包装设计上的区分度。产品的区分点无论是口味、花色、香味还是成分，都必须清晰明白地表现出

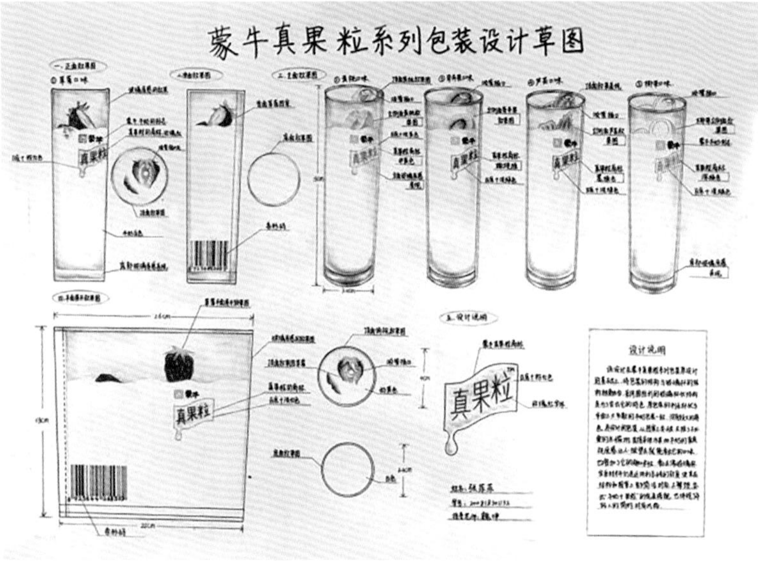

图6-61　包装设计草图

图6-62　瓶子草图

来，以便消费者分辨。

在为一个产品系列中的各类花色品种进行包装设计时，为了显示区分度，通常的做法就是在保持各包装在信息层次上一致性的同时，针对具体品种采用独特的图形、色彩、图标和平面图像以示区分。如果消费者无法对一个产品系列中的各类花色进行有效辨别，那么这一品牌的市场价值将会遭受严重损失，进而导致未来销量下滑。所以必须认真检查各信息板块在包装尺寸上的相对关系及其层次设置，以便确保消费者最终会依照设计师预先规划的顺序阅读产品包装，这样就能做到更有效的传达（图6-63）。

在处理画面信息时，应尽量将需放置的文字准备齐备，如果在完全规划好主画面后再重新考虑之前被忽视的文稿或者被遗漏的其他设计元素，那么设计工作就可能会遇到困难。如果设计师无法在设计过程的早期阶段获得所有的必要文稿，那就必须制作这些欠缺文稿的替代物，以便模拟出设计布局的最终效果，在做正稿的时候再替换上正确的文字（图6-64、图6-65）。

根据挑选出来的可实施的创意设计草案，按照实际成品的大小或相应比例关系做较细致完善的表

图 6-64　内容设计

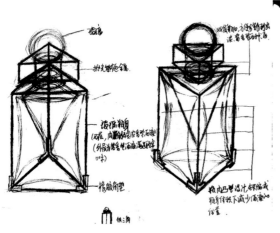

图 6-63　设计草图

图 6-65　设计图纸

现，对各个细节的处理应作出较充分的表达，这个过程可以利用铅笔及简易的色彩材料来完成（图6-66）。

对最终筛选出来的部分设计方案进行展开设计，并制作成实际尺寸的彩色立体效果，从而更加接近实际成品，直观性也更强。设计师可以通过立体效果来检验设计的实际效果以及包装结构上的不足。经过完善后的立体效果稿再次向设计策划部门进行提案。

三、评审设计方案

在设计的过程中，对于布局设计的各种初步构想会被不断地修改、相互组合或者彻底删除，然后最成功的几个设计方案会被保留下来并进入设计开发的后续阶段。

在设计过程的每个后续阶段里，设计师都会采用与上一阶段不同的演示方法展示这些创意点子。

在所有设计方案的演示过程中都必须就设计概念进行开诚布公的对话。评审设计方案应着眼于设计概念、方案如何获得更出色的效果、如何改进或修改其他设计方案以及哪些设计概念显得较为薄弱而应被淘汰。评审设计方案的目的就在于改进创意工作，以便创造出符合客户需求并受到市场欢迎的设计方案。

设计作品必须能够清晰地传达出设计者的意图或概念，而无需口头说明。使用图片编号或文字描述以便确定各个元素，这也是用语言传达设计意图的方式。为了辅助传达一个设计概念，可在布局图中添加各种质地的纸材样本、颜色、图像和字体风格（图6-67）。在演示过程中，要表述清晰，因为语言信息和画面信息都极易被误解。询问些具体问题并倾听回答，对各种反馈信息和评论及时做出反应，这些做法都会有助于交流过程获得成功。不要把那些未通过第一轮评审的设计草图或设计概念丢弃。不适合这个设计任务的设计概念也许会成为

图6-66 瓶子的设计图纸

图6-67 香水瓶的设计

另一个设计任务的备选方案。组织管理好这些文件将有助于保存各种工作成果，以备不时之需。

经过第二阶段的创意探索，逐步筛选出的数个设计战略方向将进入设计的第三阶段——深入及定稿阶段。在这个核心阶段中，所挑选出的一批创意方向将会继续发展，其中的设计概念也将会经过进一步提炼。

最初通过草图表达的视觉元素将进一步细化，文字格式的选择、画面处理、排列方式、字距调整、连字符号和留空的距离等都要明确下来，图像、符号、图表也将根据其与具体设计概念的相关程度而被确定。这些图像也许会与一个标志图案联合使用，以便创造出一个更加独特的品牌标识，或者也可放置在包装设计上的任何地方作为另一个视觉传达工具。每种元素的使用都必须有的放矢，而不能只追求装饰效果，应根据这种元素在支持设计战略方面的作用大小而决定使用与否。

每个设计方案中的各种具体元素必须能够协调一致地进行信息传达，色彩、图像、布局和结构都必须安排得当，便于阅读。还必须进一步修改主要展示版面上的所有一级、二级文稿和平面元素，并且开发出该款包装设计的上盖板、底板、后面板和各边板，将文稿修订的最终要求纳入设计考虑。如口味说明、品种名称、产品名称和渲染文稿都被包含在了设计作品之中。法律要求列明的重量、体积或产品个数等信息的初步定位和布局也应添入包装的主画面。根据产品种类的不同，可在本阶段或者设计的最终阶段里把强制性规定的内容，如营养信息、成分、警告和用法说明等安排到设计稿中。接着，继续探索各种色彩设计方案，并把重点放在选择适于传达该产品信息的色彩系列上（图6-68）。

在深入定稿之前的图像选择有以下两点建议。

第一，如果设计概念中用照片图像，则最好使

图6-68 定稿

用库存照片原材或者用数码相机进行拍摄。因为这个设计概念未必会通过筛选，所以花钱聘请摄影师进行图像的专门拍摄这种做法是不明智的。需要注意的是，当设计概念中采用了一幅"临时"图像的时候，应该告知客户这幅图像只是一个替代，其作用仅在于表达一种设计概念。如果客户选择这个设计概念作为终稿之一，那么就应该聘请摄影师或插画师进行图像的专门拍摄或绘制，或者对现有的图像原材进行购买（图6-69、图6-70）。

第二，寻找用于包装设计的各种插画或照片是一项非常重要的工作。在进行图像搜索时，尤其要注意考虑到版权和知识产权的问题。设计师将负责寻找和购买照片或插画原材的工作，并达成各项使用条款，其间发生的费用都将计入并取决于客户的预算，费用数额则受到图像的具体选择以及对该图像的使用方法的影响。针对一个目标消费群或试销市场而使用的图像与一款在地区内、全国范围内或

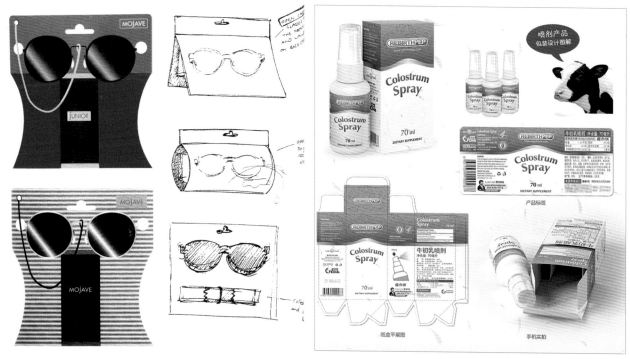

图 6-69　产品与图纸

图 6-70　产品与包装

国际范围内普遍发售的产品包装上使用的图像，在费用方面将会有很大差别。如果客户的预算允许，可聘请一位插画师或摄影师进行专有（品牌专属）图像的创制工作。在这种情况下，签订合同就是关键。如果客户希望得到该创意图像或创意资产的全部所有权，就会完全买断。如果由于预算限制而无法购买现有创意资产，也无法聘请一位艺术家进行图像创作，那么设计师就必须对该产品现有包装使用的图像进行再设计，以便获得本次设计所能使用

的图像。

四、包装制作流程

这个过程实际上等同于小规模的试生产。将开发出的产品也实际装入小批量生产出来的包装中，然后委托市场调研部门进行消费者试用、试销、市场调查，并通过反馈情况最终决定投入生产的包装方案（图 6-71、图 6-72）。

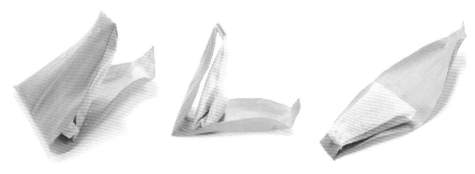

图 6-71　成品展示

图 6-72　小包装与中包装

在这个过程中，一切都尽量要求做到与实际生产的产品一致，甚至包括包装材料和生产工艺等环节。这样做虽然在样品生产阶段投入了部分成本，但各个环节也同时得到了验证，在大规模投入生产时则可以更加放心，不会造成损失和浪费，这是发达国家在新产品开发过程中通常采用的稳妥保险的做法。包装设计最终的目标是消费者，只有赢得了消费者的认可，包装才能显示出应有的价值和功能，才能体现出经济效益。

1.印刷工艺流程

（1）设计稿。设计稿是印刷元素资料的综合设计，包括图片、插图、文字、图表等。目前在包装设计中普遍采用电脑辅助设计，以往要求精确的黑白原稿绘制过程被省去，取而代之的是直观地运用电脑对设计元素直接进行编辑设计。

（2）照相与分色。对于包装设计中的图像来源如插图、摄影等，要经过扫描分色，经过电脑调整才能够进行印刷。目前，电子分色技术产生的效果

精美准确，已被广泛地采用。

（3）制版。制版方式有凸版、平版、凹版、丝网版等，但基本上都是采用晒版和腐蚀的原理进行制版，现代平版印刷是通过分色制成软片，然后晒到 PS 版上进行拼版印刷。

（4）拼版。将各种不同制版来源的软片，分别拼到要求大小的印刷版上，然后再晒成印版（PS 版）进行印刷。

（5）打样。晒版后的印版在打样机上进行少量试印，以此作为与设计原稿进行比对、校对及调整印刷工艺的依据和参照。

（6）印刷。根据合乎要求的开度，使用相应印刷设备批量生产。

（7）加工成型。对印刷成品进行压凸、烫金（银）、上光过塑、打孔、模切、除废、折叠黏合、成型等后期工艺加工。

2.印刷后期加工工艺

包装的印刷后期加工工艺是在印刷完成后，为

了提高美观和包装的特色，在印刷品上进行的后期效果加工。印刷后期加工工艺主要有烫印、上光上蜡、浮出、压印、扣刀等。

（1）烫印。烫印的材料是具有金属光泽的电化铝箔，颜色有金、银以及其他许多种，在包装上主要用于对品牌等主体形象进行突出表现处理（图6-73）。其制作方法是先将需要烫印的部分制成凸版，在凸版与印刷物之间放置电化铝箔，经过一定温度和压力使其烫印到印刷品上。这种方法不仅适用于纸张，还可用于皮革、纺织品、木材等其他材料。

（2）上光上蜡。这道工艺能使印刷品增加美观，同时具有防潮、防热、耐晒的效果（图6-74）。

（3）浮出。浮出是一种在印刷后，将树脂粉末溶解在未干的油墨里，经过加热而使印纹隆起而有凸出的立体感的特殊工艺（图6-75）。使用的粉末

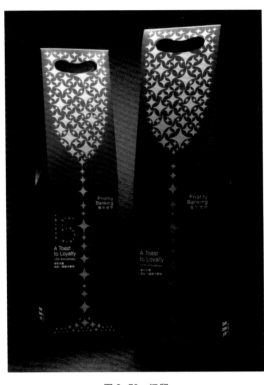

图6-73　烫印

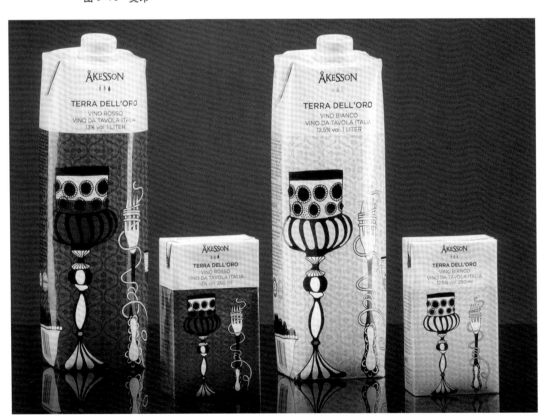

图6-74　上光上蜡

图 6-75　浮出

有光艳的和无光泽的以及金、银、荧光色等。这种工艺适合高档礼品的包装设计，有高档华丽的感觉。

（4）压印。压印又称凹凸压印，先根据图形形状以金属版或石膏制成两块相配套的凸版和凹版，将纸张置于凹版与凸版之间，稍微加热并施以压力，纸张则产生了凹凸现象。这种工艺多用于包装中的品牌、商标、图案的主体部位，以造成立体感而使包装富于变化，提高档次。

（5）扣刀。扣刀又称压印成型或压切。当包装印刷需要切成特殊的形状时，可通过扣刀成型。其方法是先按要求制作木模，并用薄钢刀片顺木模边缘围绕加固，然后将包装印刷品切割成型。这种工艺主要用于包装的成型切割以及各种形状的天窗、提手、POP造型等特殊形态的切割（图 6-76）。

3. 制版稿制作基本要求

（1）关于分辨率。在电脑辅助包装设计中，插图的绘制有两种主要制作方法，一种是矢量图，如使用 Illustrator、Freehand 或 CorelDraw 等软件绘制而成，可以放大许多倍而不会影响图像效果。另一种则是利用扫描或电分的图片和插图，或是用 Photoshop、Painter 等图形处理绘制软件制作的位图图像，位图是由一个个像素构成的，不能像矢量图那样随意放大，所以处理好图像幅面大小和分辨率平衡的关系很重要。输出分辨率是由长度单位上的像素数量来表示的，分辨率的设置应根据具体设计的需要而定，一般来说，画册和包装等需要在距离人的眼睛 2 米以内距离观看，至少需要 300dpi 以上的分辨率，才能展现出精美柔和的连续视觉感。因此在包装制版设计的图像处理中，应当设置合理的输出分辨率，才能达到精美的印刷效果。

（2）色彩输出模式。对于单色印刷品，输出单色软片就可以。但彩色印刷是通过分色输出成洋红、黄、蓝、黑四色胶片进行制版印刷。因此，在图像设计软件中，应将图像设置为与四色印刷相匹配的 CMYK 四色模式，才能得到所需要的四色分色片。

（3）专色设置。许多包装为了追求主要颜色的墨色饱和艳丽，可以通过设置专门的颜色印版以达到目的。对专版的印色，就要输出专门的分色片，因

图 6-76　扣刀

此在包装制版稿中专色表现，也要相应地设置专色版以便于输出，输出的胶片通常是反映不出色彩的，应附上准确的色标，以便作为打样和印刷过程中的参照依据。

（4）模切版制作。通常在制版稿的制作中，将包装的模切版制作到同一个文件当中，以便于直观地进行检验，这时应专门为模切版设一个图层，分色输出时也专门输出一张单色胶片，以便于模切刀具的制作。模切版绘制的一表示方法与纸包装结构图的绘制方法基本相同。

（5）"出血"的设置。在制版稿中，包装的底色或图片达到边框的情况下，色块和图片的边缘线应跨出到裁切线以外至少3毫米处，以免印刷成品在裁切加工过程中由于误差而出现白边，影响美观。色块跨出到裁切线以外的边缘线在制版过程中称为"出血线"。

（6）套准线设置。当设计稿需要两色或两色以上的印刷时，就需要制作套准线，套准线通常安排在版面的四角，呈十字形或丁字形，目的是为了印刷时套印准确。所以为了做到套印准确，每一个印版包括模切版的套准线都必须准确地套准叠印在一起，以保证包装印刷制作的标准。

（7）条形码的制版与印刷。商品条码化使商品的发货、进货、库存和销售等物流环节的工作效率大幅度提高。条形码必须做到扫描器能正确识读，对制版与印刷提出了较高的要求。条码制版与印刷应注意的问题主要有以下几种。

第一，制版时条码印刷尺寸在包装面积大小允许的情况下，应选用条码标准尺寸37.29毫米×26.26毫米，缩放比例为0.8～2.0倍，不得任意缩小胶片的放大系数，或随意翻版，使印刷尺寸误差增大，以保证产品编码的唯一性。

第二，不得随意截短条码符号的高度，对于一些产品包装面积不够的特殊情况，允许适当截短条码符号的高度，但要求剩余高度不低于原高度的2/3。

第三，条码上数字符的字体按国家标准GB12508中字符集印刷图像的形状。印刷位置应按照国家标准GBT14257-1993《通用商品条码符号位置》的规定摆放印刷，对条码的曲度、箱装、罐装、瓶装、桶装、袋装等的印刷位置都有具体要求，不能摆放在商品包装的边角处、封口或接缝附近，也不能印在明显凹凸变化的异形包装上，要将条码符号印在方便扫描器识读的最佳位置，并保证条码符号起始符与终止符左右两端外侧的空白区尺寸足够，以保证提示扫描器加零。

第四，印刷颜色通常底色采用白色或浅色，线条采用黑色或深色，底色与线条反差密度值＞0.5，条码的反射率越低越好，空白的反射率越高越好。

第五，注意条码的印刷适性，条码的方向与印刷方向尽量保持一致，以便保证印刷质量，选择与印刷用纸相匹配的油墨，特别要注意油墨的均匀性及扩散性。拼版时，最好用条码原版作业，在拷片、拷贝、晒版、打样等工序中，要控制保证条、空宽度变宽、变窄在允许误差范围内，防止变形和错误。

第六，要求印条码的纸张纤维方向与条码方向一致，以减少变化。印出的条色突出、完整、清晰，无明显脱墨，条的边缘整齐，无明显弯曲变形。掌握好印刷压力、水墨平衡，保证细条和数字清晰、墨色实。

主要是对包装中的关键项目进行试验和试制，在此基础上进行必要的改进，然后正式投入运行，制作出成品。生产少量检查试用无问题后，方可大量生产。

第七章　包装设计欣赏

7

● 食品包装设计欣赏

● 生活用品包装设计欣赏

● 化妆品包装设计欣赏

第一节 食品包装设计欣赏

食品包装设计作品赏析见图 7 - 1 ~ 图 7 - 17。

图 7-1 点心

图 7-4 巧克力

图 7-2 冰激凌①

图 7-5 爆米花

图 7-3 果脯

图 7-6　味全系列饮料包装

图 7-7　花果茶

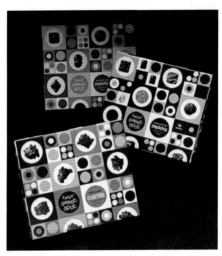

图 7-8　巧克力

图 7-9　大米

图 7-10　冰激凌②

图 7-11　咖啡豆

图 7-12 膨化食品

图 7-13 青梅酒

图 7-14 张弓酒

图 7-15 燕麦片

图 7-17 奶粉

图 7-16 薄荷糖

第二节 生活用品包装设计欣赏

生活用品包装设计作品欣赏见图 7 – 18 ~ 图 7 – 23。

图 7-18 刀叉 1

图 7-19 刀叉 2

图 7-20 水彩笔

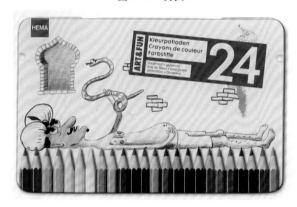

图 7-21 彩色铅笔

图 7-22 光盘

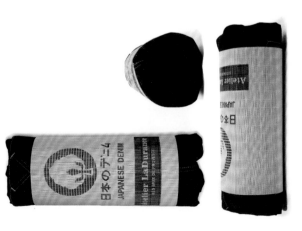

图 7-23 袜子包装

第三节　化妆品包装设计欣赏

化妆品包装设计作品欣赏见图 7 – 24 ～图 7 – 34。

图 7-27　HUGO 香水

图 7-24　迪奥香水

图 7-25　香奈儿香水

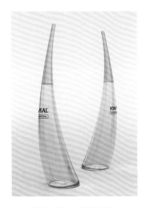

图 7-26　娇兰香水

图 7-28　Ego 香水

图 7-29　森林小铺散装

图 7-30　森林小铺礼盒

图 7-31 Buta'l 护肤品

图 7-32 Lizhara 护肤品

图 7-33　Lizhara 护肤品系列包装

图 7-34　Solare 系列护肤品

包装设计课程是本科院校视觉传达专业的必修课。本书以视觉传达专业的包装设计为研究对象，以培养学生的人文意识，加强设计整体观念为目标，从包装的历史沿革讲起，系统阐述了包装设计的设计方法，其中着重介绍了包装的材料、结构、种类以及包装后期策划，结合大量包装设计实例分门别类地进行研究与解析，图文并茂，深入浅出，使得本教材更具可读性和实用性。

本书既可作为高等院校艺术设计专业教学用书，也可作为广大包装设计从业者及爱好者的学习参考书。

图书在版编目（CIP）数据

包装设计／庞博主编．－北京 ：化学工业出版社，2015.11
（高等教育艺术设计专业规划教材）
ISBN 978-7-122-25364-4

Ⅰ．①包… Ⅱ．①庞… Ⅲ．①包装设计－高等学校－教材 Ⅳ．① TB482

中国版本图书馆 CIP 数据核字（2015）第 240310 号

责任编辑：李彦芳　　　装帧设计：知天下
责任校对：王　静

出版发行：化学工业出版社（北京市东城区青年湖南街 13 号 邮政编码 100011）
印　　刷：北京瑞禾彩色印刷有限公司
889mm×1194mm 1/16　印张 8　字数 230 千字　2016 年 2 月北京第 1 版第 1 次印刷

购书咨询：010-64518888(传真：010-64519686)　售后服务：010-64518899
网　　址：http://www.cip.com.cn
凡购买本书，如有缺损质量问题，本社销售中心负责调换。

定　　价：49.80 元